生态文明与
治理现代化发展探索

于明月　庞昌伟 ◎著

光明日报出版社

图书在版编目（CIP）数据

生态文明与治理现代化发展探索 / 王明月，庞昌伟
著. -- 北京：光明日报出版社，2023.12
ISBN 978-7-5194-7129-3

Ⅰ．①生… Ⅱ．①王… ②庞… Ⅲ．①生态环境建设
－现代化研究－中国 Ⅳ．①X321.2

中国国家版本馆 CIP 数据核字(2023)第 246383 号

生态文明与治理现代化发展探索
SHENGTAI WENMING YU ZHILI XIANDAIHUA FAZHAN TANSUO

著　者：王明月　庞昌伟

责任编辑：郭玫君　　　　　　　　责任校对：房　蓉
责任印制：曹　诤

出版发行：光明日报出版社
地　　址：北京市西城区永安路 106 号，100050
电　　话：010-63169890（咨询），010-63131930（邮购）
传　　真：010-63131930
网　　址：http://book.gmw.cn
E－mail：gmrbcbs@gmw.cn
法律顾问：北京市兰台律师事务所龚柳方律师

印　　刷：北京四海锦诚印刷技术有限公司
装　　订：北京四海锦诚印刷技术有限公司
本书如有破损、缺页、装订错误，请与本社联系调换，电话：010-63131930

开　　本：787mm×1092mm　1/16　　　　印　　张：10.75
字　　数：200 千字
版　　次：2024 年 4 月第 1 版
印　　次：2024 年 4 月第 1 次印刷
书　　号：ISBN 978-7-5194-7129-3

定　　价：55.00 元

前　言

随着全球气候变化、生态系统退化和资源枯竭等环境问题的不断加剧，以及人口增长、城市化和工业化的快速发展，我们不得不认真思考如何实现生态平衡与可持续发展，以确保人类与自然的和谐共生。

生态文明作为中国特色社会主义的一项重要理念，强调了人与自然的关系，核心要求是保护生态环境、推动绿色发展。它要求我们进行生产方式、生活方式和价值观念的全面转型，以便实现经济繁荣与环境保护的双赢局面。同时，治理现代化也是国家发展的关键目标，建立高效、公平、可持续的现代化治理体系，以满足人民对更好生活的需求。

基于此，本书对生态文明与治理现代化发展进行探索，以促进经济的繁荣、社会的和谐与人与自然的和衷共生。本书首先阐释了生态文明概念及自然条件，接着解读了生态文明的理论基础与文化渊源，进而思考了生态文明与科技发展，探索了生态文明社会的建设途径，最后研究了生态治理现代化的优势、矛盾与对策，生态治理现代化发展的新理念与方法，我国生态文明建设的协同治理体系的相关内容。

本书结构严谨，内容翔实，注重理论，突出实用。以深厚的专业性脱颖而出，旨在为各类读者提供专业的知识，拓展他们的学识领域和视野。

本书在写作过程中，笔者获得了许多专家和学者的宝贵帮助与指导，在此表示衷心的感谢。由于笔者的能力有限，加之时间紧迫，书中可能存在一些遗漏之处，希望读者们能够提供宝贵的意见和建议，以便笔者进行进一步的修订，使其更加完善。

目　录

第一章　生态文明概念及自然条件

第一节　生态与文明概述

一、生态

"生态"一词源于古希腊，原意指"住所"或"栖息地"。简单地说，生态就是指一切生物的生存状态以及它们之间和它与环境之间环环相扣的关系。生态是由水、土、大气、森林、草地、海洋、生物等多种要素形成的有机系统，它是人类赖以生存发展的物质基础。其涉及的范畴越来越广，人们常常用"生态"来定义许多美好的事物，如健康的、美的、和谐的等事物均可冠以"生态"修饰。当然，不同文化背景的人对"生态"的定义会有所不同，多元的世界需要多元的文化，正如大自然的"生态"所追求的物种多样性一样，以此来维持生态系统的平衡发展。目前，理论界对于"生态"概念内涵与外延的界定仍然是众说纷纭，莫衷一是，而其中最基本、最核心的含义是指人与自然之间的自然性和谐，即指"包括人在内的自然生态系统的平衡、完整与稳定"[①]，其实质反映的则是人类行为在人与自然关系中的定位与作为。

二、文明

（一）文明概念的内涵

不言而喻，在不同的历史时期和不同的语境中，"文明"一词有着不同的含义。比如，在日常生活中说的"文明"，往往用来评价"好"的生活习惯和行为举止，或者作为"野蛮"的反义词使用。有时又会把"文明"与生存方式（包括生产方式、生活方式和人群组织方式）联系在一起。可见，"文明"一词的内涵是多方面的。

我们难以给文明下一个确切的定义，因为文明概念的内涵十分丰富。文明是人类的存在方式，它产生于人类与自然的矛盾，这一矛盾不断推动文明前行。人类产生于自然，之

---

① 黄爱宝."生态型政府"初探［J］.南京社会科学，2006（01）：55-60.

后又一步步地脱离了自然状态，获得了一种在自然中存在的新的方式，我们将这种方式称为文明。人类以文明的方式存在于自然之中，其他的动物则以本能的方式存在于自然之中。从本质上讲，文明的存在方式也就是实践的存在方式，它是人类所特有的存在方式。因为有了人类，所以有了文明，人类的历史从哪里发端，人类的文明就从哪里开始。文明程度的不同，造成了人类不同时代的区分和人类不同群体的差异。

（二）文明的本质分析

文明不仅是人类特有的存在方式，而且是人类唯一的存在方式。现存的自然并不能满足人类，人类决心改变自然，这就构成了人与自然的永恒矛盾，这对矛盾就是催生了文明又推动文明不断更新形态的动力之源。至今，我们已经历了三大文明形态：原始文明（采集、渔猎文明）、农业文明和工业文明。随着文明形态的更新，自然不断地被改变着，人类也不断地被改变着。虽然人们期望随着文明的推进，人类应该逐渐被引入同自然相对和谐的状态，但实际情况正好相反，人与自然的矛盾不但没有得到缓解，反而对抗和冲突更加激烈，人与人的矛盾也是如此。今天，这种对抗和冲突已经达到无以复加的地步，甚至引发了人类生存的危机。

在更深层次上，文明反映了人类自身的矛盾，即狭隘的心智自我与理想的道德自我之间的矛盾。人类的行为总是与自己美好的愿望相背离。纵观历史，虽然人类文明程度在提高，然而，由于人类自身的矛盾难以协调，人类社会的和谐程度并未随之提高，反而在工业文明的驱动下不断下降。换言之，文明的进步主要反映在生产方式的进步、生产力的提升、生活条件的改善、文化与意识形态的丰富与多样化以及社会基本秩序的改变方面，而并没有伴随人类心灵与意识境界的提升。外在形式上的文明掩饰不了内在精神的蒙昧，甚至野蛮。

第二节　人类文明的发展演进

人类社会的文明史，先后经历了原始文明、农业文明、工业文明三个阶段。经济和社会发展的现实告诉我们，现代工业文明所引发和包含的种种危机，使得它作为一个文明体系已经与人类生存和持续发展的要求极不适应，生态危机就是工业文明总体危机的显著标志。面对传统文明体系的弊端，认真回溯人类文明的历程，我们就可以清醒地认识到人类选择和铸造新的文明形态的必然趋势；就可以清醒地认识到，生态文明既是人类文明在其转折时期必定会提出的理性要求，同时也具有充分的现实必要性。

一、原始文明阶段

（一）原始文明阶段的发展特点

在100多万年前，地球上出现了现代人类的祖先，同时出现了原始文明，亦称史前文明。在原始社会，生产力水平极低，人类依靠采集和渔猎生活。石器是主要的技术工具，人本身的体力是主要能源形式，全部生产过程由人本身完成。石器、弓箭、火是原始文明的重要工具。人类依赖于自然，在很大程度上表现为被动地适应，主要是利用自然环境和生物资源，很少有意识地改造自然。稀少的人口相对于丰富的地球资源而言微不足道。自然界的运动过程几乎不受人类实践活动的影响，虽然在当时一些局部地区已经出现了环境问题，但并不突出，主要是因过度采集和渔猎对局部生物资源的破坏，容易被自然生态系统自身的调节能力抵消。

这一时期，人类在为了生存而进行的实践过程中，开始了对外部世界的探索和对自身的反思，积累了生产和生活的初步的经验和知识，创造了一定的物质和精神财富，包括文字的出现、科学知识的萌芽与原始的世界观和人生观。

（二）原始文明阶段人与自然的关系

在原始文明阶段，人类的物质生产活动就是直接利用自然资源作为生活资料，对自然的开发和支配能力极其有限。人们将自己看成是自然界不可分割的一部分。人类与自然的关系是一种完全的依赖关系，人类与自然处于混沌的原始统一状态，对自然界的影响很微弱。在强大的自然力面前，人类自感力量非常弱小，对自然界的适应能力较低，对自然的态度是敬畏、感恩、祈求和恐惧混在一起，人们崇尚自然界的自发力量，奉行自然崇拜和图腾崇拜的信仰。由于人们敬畏和服从自然规律，人与自然之间存在着一种原始的和谐；人类必须服从自然，不能把握自己生存的命运。这一时期人类自然价值观的基本特征是，人们从心灵深处崇拜自然、感恩自然，借以获得在自然中生存的力量。

（三）原始文明阶段人与人的关系

在原始社会，生产力水平很低，社会没有剩余产品，人们之间处于原始平等、和谐共处的状态。人们过着共同劳动、共同消费的原始共产主义的集体生活方式。由于生产资料归原始公社成员共同占有，人们在集体劳动中结成平等互助的合作关系，劳动产品实行平均分配，没有私有财产，没有剥削，没有阶级。分工是自然产生的。男子打猎、捕鱼、作战、制作工具；女子管家、制备食物和衣服。

第一次出现了人类社会组织。它最初是以松散的原始群形式呈现，后来随着婚姻制度的出现，产生了按血缘关系建立起来的氏族公社，成为基本的社会组织和经济组织。氏族成员处于平等地位，共同劳动、共同消费。随着金属工具的出现和社会分工的发展，私有制和阶级关系逐步确立，氏族解体，出现农村公社，人类原始文明开始向农耕文明过渡。

原始文明的出现预示着人类为了生存和发展，必将走向与自然日益分离、对立的文明形态。

二、农业文明阶段

（一）农业文明阶段的发展特点

距今一万年前，人类对自然进行初步开发，由原始文明进入到农业文明时代。农业是这一时期的中心产业，取代了采集和渔猎，土地是农业社会的主要财产。这一时期，以青铜器和铁器为主要工具，以人的体力、畜力和薪柴为主要能源，通过开发土地资源，发展农业和畜牧业。这种技术形式比狩猎和采集有更高的效率，因而为人类提供了更丰富、更稳定的食物，并且开始有了剩余产品，从而使社会形态过渡到奴隶社会和封建社会。

农业文明开始出现科技成果，如青铜器、铁器、陶器、文字、造纸、印刷术等。由于生产力逐渐提高，而且人类学会了驯化一些野生动植物，于是出现了耕作业和渔牧业的劳动分工，主要的生产活动是农耕和畜牧。人类通过创造适当的条件，使自己所需要的物种得到生长和繁衍，不再依赖自然界提供的现成食物。这时，第一次出现了人工生态环境。

私有制产生，出现了阶级；商品生产开始出现；社会分工扩大，脑力劳动和体力劳动的分化、城市与乡村的对立作为整个社会的分工基础确立下来。第一个剥削形式——奴隶制出现。著名的四大文明古国（古埃及、古巴比伦、古印度和中国）就是在这个时期出现的。

人类有了稳定的食物来源，开始开垦农田，开发水利，建筑城镇，手工工场出现，城市商品交换扩大，人口也开始大幅度增长。人口增长又进一步促使人们大规模地发展农牧业生产，定居生活的人们也逐渐需要更多的赖以生存和发展的土地和牧场，争夺资源的战争也频繁发生。

人类利用和改造环境的力量和作用加大，社会文明程度有了很大提高，但环境问题也日益增多，主要表现在：森林、草原大面积破坏；局部气候破坏，部分土地沙漠化；土壤盐渍化和沼泽化等；一些大型城镇产生大量生活废弃物造成一定程度的环境污染。

（二）农业文明阶段人与自然的关系

在农业社会，由于人类的社会物质生产主要依靠自然力，自然条件对于农业生产和动物饲养具有重大影响，因而在人们的思想中，把天命（即强大的自然力）奉为万物的主宰，这也是最早的环境决定论思想。然而，农业文明的出现，也意味着人类与自然的关系进入了对抗的阶段。种植业保证了人类的生存和族类延续。对自然力的利用已经扩大到若干可再生能源（畜力、水力等），铁器农具使人类劳动产品由"赐予接受"变成"主动索取"，经济活动开始主动转向生产力发展的领域，开始探索获取最大劳动成果的途径和方法。人与自然的关系已经从与自然相统一，走向与自然相分离，开始了所谓的自主生存和延续，为此，人类不断地扩展、开发、占有自然。人类中心主义思想就是在这一时期逐渐萌生的。

随着人类驾驭自然的能力日益增强，对自然的原始的敬畏、崇拜和感恩之心渐趋减弱乃至消失，人类中心主义思想就是在这一时期逐渐萌生的。这一时期，人类在与自然的冲突中创造了辉煌灿烂的古代文明，如古埃及文明、古巴比伦文明、古希腊文明、古印度文明、波斯文明、玛雅文明以及黄河流域文明，然而它们在追逐物质文明的道路上辉煌之后，最终走向衰落甚至覆灭。

（三）农业文明阶段人与人的关系

农业文明的一个重要特点是重视人伦和人事，人文科学已经达到了很高的成就。在农业文明社会里，私有制产生，出现了阶级、阶级对抗和阶级剥削。人与人的关系成了剥削与被剥削、统治与被统治关系。

在家庭关系上，个体家庭和一夫一妻制确立，妇女沦为家庭附属，男子在家中占统治地位。妇女被排除于社会的生产劳动之外而只限于从事家庭的私人劳动，与男子没有平等的地位。

由于贫富分化，加之战争中的俘虏成了胜利者的私有财产，氏族显贵开始转化为奴隶主阶级。奴隶主占有生产资料和奴隶，并残酷地剥削和压迫奴隶。到了奴隶社会后期，阶级矛盾日趋尖锐，奴隶起义不断爆发，奴隶来源枯竭，奴隶制度最终被封建制度所代替。

在封建社会里，地主阶级占有绝大部分土地，农民不得不耕种封建地主的土地，在人身上依附于封建地主。封建地主将占有的土地出租给（或分给）农民耕种，把他们世代束缚在小块土地上，用地租形式剥削农民。同奴隶制相比，封建生产关系使农民有一定的人身自由，有自己的私有经济，因而在一定程度上调动了农民的生产积极性，使生产力得到发展。

三、工业文明阶段

工业文明是指近代16世纪以来，以机械化、电气化、自动化为标志的工业生产所带来的人类文明，至今已有 400 多年历史。工业文明造就了人类征服自然、改造自然的巨大的社会生产力，把人类社会从农业时代推进到工业化时代，促进了人类社会的进步与发展。

（一）工业文明阶段的发展特点

工业文明阶段的发展特点包括以下几个方面：

工业化和技术革命：工业文明以机械化、电气化、自动化为特征，工业革命催生了现代工业生产方式。发明了蒸汽机、电力、内燃机等重要技术，推动了生产力的巨大增长。

城市化和人口激增：工业化进程导致了农村人口向城市迁移，城市化速度急剧增加。城市成为工业和商业的中心，人口数量迅速膨胀。

科学与教育：工业文明催生了科学方法的广泛应用和科学知识的爆发式增长。普及的教育系统培养了更多的工程师、科学家和技术人才。

资本主义经济体系：工业文明阶段兴起了资本主义经济体系，私有制、市场经济和竞争成为主导。这导致了财富的集中和社会阶级分化。

环境问题：工业化带来了环境问题的加剧，包括大气污染、水污染、土地破坏和生物多样性丧失等。这些问题引发了生态危机，要求采取可持续发展的措施。

（二）工业文明阶段人与自然的关系

工业文明阶段人与自然的关系发生了根本性的改变：

自然资源的过度开发：工业化需要大量的能源、矿产和原材料，导致自然资源的过度开采，引发了资源枯竭和环境破坏问题。

污染和生态破坏：工业化带来了大规模的污染，包括大气污染、水污染和土地破坏。这些污染对生态系统造成了严重损害，影响了自然界的平衡。

气候变化：工业化过程中排放的温室气体导致了全球气候变暖，引发了极端天气事件和海平面上升等问题，对自然环境和人类社会产生了重大影响。

生态保护和可持续发展：面对生态危机，工业文明阶段推动了环境保护和可持续发展的运动。人们开始重视生态平衡，提出了生态文明的理念，追求更环保和可持续的生产方式。

（三）工业文明阶段人与人的关系

工业文明阶段的人与人关系也发生了深刻的变化：

社会分工和阶级分化：工业化推动了社会分工的扩大，出现了不同职业和行业。同时，资本主义经济体系导致了阶级分化，出现了富人和穷人之间的巨大财富差距。

城市化和移民：城市化进程加速了人口迁徙，城市成为吸引人们的地方。大规模的农村到城市的移民现象出现，城市人口迅速增加，城市问题也逐渐显现。

社会变革和政治运动：工业化引发了社会变革和政治运动，包括工人运动、妇女权利运动、民权运动等。这些运动推动了社会制度和法律的改革。

文化交流和全球化：工业文明阶段的通信技术和交通工具促进了文化交流和全球化。不同文化之间的互动增加，国际贸易和合作变得更加密切。

总的来说，工业文明阶段带来了巨大的发展和进步，但也伴随着环境问题、社会不平等和文化冲突等挑战。人类需要积极应对这些挑战，寻找可持续的发展路径，以维护人与自然的和谐关系，同时促进更加公平和包容的社会关系。

第三节　生态文明的内涵及特征

一、生态文明的内涵理解

生态本是生物学概念，是指生物在一定自然环境下生存和发展的状态。生态学（ecology）是以有机体与其生存环境（包括自然环境和生物/社会环境）之间关系为研究对象的科学。现代生态学已经从生物学中的一门分支学科发展成为一个横跨自然科学和社会科学的交叉学科。在自然生态学领域之外，生态学思想移植到社会学领域便形成人类生态学，主要研究人类群体与自然环境和社会环境的关系。此外，还有生态哲学、生态美学、生态经济学、城市生态学、产业生态学、精神生态学等。因此，生态的概念获得了社会学的意义。生态学也可作为一种注重整体或宏观向度的科学思维方法，或者一种科学世界观和方法论，与人们的日常生活和生产密切相关。生态学方法已成为几乎每一门学科都要采用的科学方法，科学技术发展的生态化趋势已成为新技术革命的一个重要特征。

人类作为地球生命系统的一部分，本身就是生态系统长期进化和发展的产物，是活的有机体，需要不断地从生态环境中获取能量和养分，以保证自己在生物学意义上的活动。因而，人的生存离不开自然环境，任何有机体的存在与发展都是与环境相统一的。人类文明的发展并未超越地球生态系统的发展，因此，文明的发展必须以地球生态系统的结构与功能的维持为前提。可见，现代生态科学理论不仅是生态系统的理论基础，也是生态文明的理论基础。现阶段出现的人类生存危机的问题，在于长期以来人类对自然的运作机理缺乏反省、把握与调控，加之人的贪欲本性膨胀所致。欲摆脱生态危机，既不能用否定文明的方法，也不能对现有的文明进行修修补补，而只能进行文明形态的转换，即走向生态文明。

生态文明是指人类遵循人、自然、社会和谐发展这一客观规律而取得的物质与精神成果的总和，是指以人与自然、人与社会、人与自我和谐共生、良性循环、全面发展、持续繁荣为基本宗旨的文化伦理形态。生态文明是一种高级形态的文明。生态文明不仅追求经济、社会的进步，而且追求生态进步，它是一种人类与自然协同进化的持久文明。

从词源学意义上看，它与野蛮相对，指的是在工业文明已经取得成果的基础上用更文明的态度对待自然，不野蛮开发，不粗暴对待大自然，努力改善和优化人与自然的关系，认真保护和积极建设良好的生态环境。这是通常意义上大多数人理解并广泛使用的生态文明含义，是与物质文明、精神文明和政治文明相并列的现实文明内容之一，是生态文明所具有的初级形态，是其狭义的内涵。

从社会形态建构意义上看，生态文明主要指人们在改造客观物质世界的同时，不断克服改造过程中的负面效应，积极改善和优化人与自然、人与人的关系，建设有序的生态运行机制和良好的生态环境所取得的物质、精神、制度方面成果的总和。它主要体现在文化价值观、生产方式、生活方式和决策制定等方面的改变上。这是与原始文明、农业文明和工业文明相并列的生态文明的高级形态，是其广义的内涵。本书所探讨的内容是立足于广义的生态文明内涵。

二、生态文明的主要特点

人与自然和谐共生是生态文明的核心价值和本质特征。生态文明为自然赋予了与人类平等的伦理地位，体现了人对自然的崇高责任和人文关怀。它是对建设中国特色社会主义本质认识的深化，是一种指导科学发展的理念。

（一）自身的系统性

生态文明自身是由不同维度的文明子系统构成的文明形态，与物质文明、精神文明、政治文明、社会文明等相互作用，构成更高层次的文明体系。从人类文明发展史来看，生态文明是更优越、更先进、更符合人类利益的文明形态。建设生态文明是中华民族永续发展的千年大计，生态环境的修复、治理和保护是一项长期的、复杂的、艰巨的系统工程。推进生态文明建设要坚持系统性思维，将生态文明建设融入经济建设、政治建设、文化建设、社会建设各方面和全过程，确保生态文明建设与其他各项建设协同共进，推动形成人与自然和谐发展现代化建设新格局；要置身于全球化背景，把握全球文明发展态势，以系统性思维谋划生态文明建设的指导思想、战略目标、实践路径和政策建议。

（二）建设的整体性

生态文明理念不是局部的或者部门的调整与发展，而是需要经济、政治、文化、社会等系统整体的协调进步。整体性的递进逻辑包括三方面：生态文明是人类社会发展到一定历史阶段的整体性表现；生态文明建设过程中，经济、政治、文化、社会等系统都将进步发展；经济、政治、文化、社会、生态系统的各个维度和要素的发展整体上要相对均衡。因此，推进生态文明建设，必须按照生态系统的整体性、系统性及其内在规律，处理好部分与整体、个体与群体、当前与长远的关系，统筹考虑山上山下、地上地下、陆地海洋以及流域上下游等所包含的自然生态各要素，进行整体保护、系统修复、综合治理。

（三）演进的阶段性

第一，生态文明本身是人类文明发展到一定程度的产物，是人类社会发展到一定历史阶段的结果。生态文明脱胎于其他文明形态，是更高层次、更为先进的文明形态。

第二，生态文明分阶段演进，经历萌芽、发生、发展与成熟等过程。在演进过程中，生态文明与其他文明形态往往共存或交织，即在不同阶段，生态文明可能蕴含着其他文明形态的成分和要素；其他文明形态也可能蕴含着生态文明的成分和要素。

第三，尽管生态文明是一个系统整体性均衡发展的结果，但在不同演进阶段，由于现实因素限制或者内外条件约束等，生态文明可能有不同的发展侧重点，因而表现出不同的演进特征。

第四，在不同发展阶段，生态文明需要解决不同的问题，就需要不同的政策方案。

（四）认知的多样性

由于生态文明自身的复杂性和演进的阶段性，不同人群对生态文明的认知也就纷繁多样。如对生态文明的整体和局部、内涵和外延、深度和广度、过去和未来、理论和实践等的认知，存在多样性、差异性。这些认知差异体现出生态文明建设共识还未形成，也体现出认知不清、理论不清、政策不清，从而难以有效指导生态文明建设实践。因此，提升政府决策者、环保非政府组织（NGO）和公众对生态文明的认知能力，剖析生态文明的认知差异，探寻生态文明建设的主要矛盾和本质规律，使生态文明理念具体化、可感知、可实现，使其在全社会深入人心、蔚然成风。

（五）建设的具体性

生态文明建设不是宣传口号，而是具体行动。生态文明理念要落到实处，需要多样的、具体的抓手。在不同地区、不同部门、不同阶段，生态文明的建设方向和重点领域不同。在具体实践中，需要提炼、总结、丰富、升华生态文明的内涵。因此，生态文明建设要立足于实践，来源于实践，又指导实践，适当超前于实践但又不脱离实践；要建立将生态文明理念落到实处的传导机制；要有总有分，既有整体性、综合性的政策，又有领域性的、具体性的政策创新。

第四节　生态文明的自然条件

一、地球生态系统

人类文明的存在和延续离不开整个地球生态系统的有序和稳定。建设生态文明的一个根本目标就是实现人类经济社会系统与自然生态系统之间的动态平衡。

一般认为，生态系统是指在一定空间中共同栖居着的所有生物与环境之间由于不断进行物质循环和能量流动而形成的统一整体。"作为一个整体的生态系统有两个重要组成部分，一是生物，一是生物所处的环境，即非生物环境。"① 但我们不能认为生态系统仅仅是这两个部分的简单相加。生态系统是一个相互联系的整体性的存在，对它进行部分的区分研究，仅仅是为了研究的便利，而不能将生态系统仅想象成一些零件的组合。

从生态系统的定义可以看出，生态系统并没有规定一个具体的空间范围的大小。一个池塘是一个生态系统，一座大山或一片麦田也是一个生态系统。小至动物消化道的微生态系统，大至森林、高原，甚至整个生物圈都可以被看作生态系统。因此，"生态系统"更多的是一个结构、功能性的概念，而不仅是一个空间性的概念。地球生态系统，即整个生物圈，是地球上最大的生态系统。

（一）生态系统简介

地球上的各种生态系统，无论空间大小、位置存在多大的差异，作为一个生态系统所具备的基本要素都是相同的。它包括了生产者、消费者、分解者和非生物环境。非生物环境是生物赖以生存与发展的物质基础和能量源泉，它包括了生物生存的场所，如土壤、水体、大气、岩石等，也包括生物所需的物理化学条件，如光照、温度、湿度等。

人们把对生物产生影响的各种环境因素称为生态因子。生态因子种类繁多，主要可分为生物因子和非生物因子。生物因子包括不同物种间的相互影响和同一个物种中不同个体

---

① 盛连喜. 环境生态学导论 [M]. 北京：高等教育出版社，2009：139.

之间的影响，而非生物因子包括气候、土壤、地形。"气候因子也称地理因子，包括光、温度、水分、空气等。"① 根据各因子的特点和性质，还可再细分为若干因子。如光因子可分为光强、光质和光周期等，温度因子可分为平均温度、积温、节律性变温和非节律性变温等。土壤是气候因子和生物因子共同作用的产物，土壤因子包括土壤结构、土壤的理化性质和土壤肥力等。地形因子如地面的起伏、坡度、坡向、阴坡和阳坡等，通过影响气候和土壤，间接地影响植物的生长和分布。

在自然环境之中，多种生态因子是同时存在的，其作用一般可以分为五种。①综合作用：生态因子不是孤立存在的，它们之间相互影响、相互制约，一个因子的变化往往会引起其他因子的一些相应的变化；②主导因子作用：生态因子的作用并不是完全等价的，其中一些对生物起决定性作用的生态因子，被称为主导因子。主导因子的变化常常引起生物生长发育的明显变化；③直接作用和间接作用：一些生态因子是直接对生物起作用，如光、温、水，但另外一些生态因子，如地形是通过影响光、温、水来间接对生物起作用，被称为间接作用；④限定性作用：生物在生长发育的不同阶段对生态因子有不同的需求，生态因子对生物的作用具有阶段性；⑤不可替代性和补偿作用：生态因子虽不等价，但都不可缺少，一个因子的作用不可由另一个因子代替，但是某些生态因子的不足可以通过另一些生态因子的加强而在一定程度上得以弥补。

生态因子对生物的作用和它们之间的相互作用都是异常复杂的。生态因子对生物有着强烈的影响，但同时生物对生态因子也有着独特的适应机制。这主要表现在形态、生理和行为三个方面。生态因子会影响生物的形态，如北极狐由于生活在高寒地带，其身体突出的部分都比较小，比如耳朵和尾巴都比较小，这样就有利于保存热量。生活在寒冷地区的动物普遍具有这样的形态适应。生态因子也能影响生物的生理状态，如一个人从黑暗的地方乍一走到明亮的地方，会觉得眼睛不适应。因为在黑暗的地方，眼睛为了吸收更多的光线而瞳孔变大，一旦到明亮的地方，会由于进入眼睛的光线太强而快速使瞳孔再度变小以控制光线的进入，以免刺伤眼睛。另外，一些动物会通过改变行为来适应自然，如一些蜥蜴会在较热的时候抬高自己的身体使更多的空气流动，从而起到散热的作用。行为的适应是最为常见的一种适应类型。生态系统就是在变化与适应之中保持着自身系统的平衡和稳定的。

生态系统生物部分的生产者是指能够利用太阳能或其他形式的能量，将简单的无机物合成为有机物的绿色植物、光合细菌和硝化细菌等。在这个过程中，太阳能被转化为化学能以供生物利用。生产者是生态系统中最基本的组成要素，生产者固定的能量除了供自己

---

① 李洪远. 生态学基础 [M]. 北京：化学工业出版社，2006：12.

所必需的新陈代谢所用之外，剩余的部分将通过食物链逐级在生态系统中流动，以供其他的生物生存生长。生产者之所以是生态系统中最重要的组成部分，因为它是能量进入生物链的唯一入口，失去了生产者，生态系统将不复存在。

消费者指的是不能靠自己合成有机物的植食类、肉食类和寄生动物等。植食动物为一级消费者，以植食动物为食的肉食动物为二级消费者，以肉食动物为食的肉食动物为三级消费者。如鼠吃大米，蛇吃鼠，鹰吃蛇，在这条捕食食物链中，鼠是一级消费者，蛇是二级消费者，鹰是三级消费者。这里的一、二、三级也被称为营养级。需要注意的是根据每条食物链的具体情况，每个物种所处的营养级也将不同。同一个物种也可能同时属于多个营养级。

分解者指生态系统中的细菌、真菌和放线菌等具有分解能力的生物，也包括某些原生动物和腐食性动物。它们把动、植物残体中复杂的有机物，分解成简单的无机物，释放在环境中。"分解者的作用可谓至关重要，如果没有分解者，那么动植物的尸体将堆积成山。物质、能量无法流通，最终生态系统将趋于崩溃。"①

在生态系统中因为捕食关系而形成食物链，同时有多种捕食关系共存，便形成了多条食物链，因为一个物种通常并非只处于一条食物链中，比如鼠不单吃大米，也吃玉米，鼠不单被蛇捕食，也被猫头鹰捕食，因此不同的食物链纵横交错，便形成了食物网。能量流动的一个重要的方式就是通过食物网来完成的。

在生态系统中，生物的物质生产分为初级生产和次级生产。绿色植物通过光合作用，使无机物转变为有机物的过程称为初级生产。除此之外的生物物质生产都被称为次级生产。绿色植物固定的能量，除去自身新陈代谢所消耗的部分之外，剩下的称为净初级生产，它是可以提供给生态系统中其他生物所利用的能量。地球生态系统的年生产总量是巨大的，但地球上有大小、性质不同的许许多多生态系统，其生产力有大有小，差异很大，不能一概而论。

（二）地球上生态系统的分布与类型

地球生态系统作为最大的生态系统是由不同类型的生态系统组成的。如果按照是否有人类活动的参与来看，可以分为自然生态系统和人工生态系统。自然生态系统包括陆地生态系统和水域生态系统；人工生态系统包括城市生态系统和农田生态系统。城市生态系统和农田生态系统可以归入陆地生态系统，而地球生态系统中除极少数区域外，都有人工活动的痕迹。但为了介绍的方便，暂且做这样一个粗略的划分。

---

① 高连喜. 环境生态学导论 ［M］. 北京：高等教育出版社，2009：143.

　　自然生态系统包括陆地生态系统和水域生态系统。陆地生态系统在地球生态系统中起着重要的作用。陆地生态系统因为其环境变化剧烈，形成了各具特色的不同特征。在对陆地生态系统产生影响的众多因素中，水分是最主要的生态因子之一。按照地面植被类型，可以进一步将陆地生态系统划分为如下几个次级生态系统。

　　1. 森林生态系统

　　森林生态系统一般分布于湿润和半湿润地区，可进一步划分为热带雨林、亚热带常绿阔叶林、温带落叶阔叶林和亚寒带针叶林等森林生态系统。热带雨林主要分布于赤道南北纬20°以内的热带地区，其气候特征是全年高温多雨，无明显季节变化。世界上三大热带雨林分别位于南美亚马逊流域、亚洲的热带地区和非洲的刚果盆地。热带雨林中动植物个体偏大，而且物种类型丰富，食物网错综复杂是最稳定的自然生态系统。

　　常绿阔叶林是亚热带海洋性气候条件下的森林，具有热带和温带之间过渡性质的类型。大致分布在南北纬22°~34°之间，其中以中国长江流域南部的常绿阔叶林最为典型，面积最大，常绿阔叶林群落外貌终年常绿，一般呈暗绿色而略闪烁反光，林相整齐。由于树冠浑圆，林冠呈微波起伏状。整个群落全年均有营养生长，夏季最为旺盛。群落内部结构的复杂程度仅次于热带雨林。

　　温带落叶阔叶林是温带、暖温带地区地带性的森林类型。分布于北纬30°~50°之间，是在北半球受海洋性气候影响的温暖地区。在大陆性气候影响较大的地方，落叶阔叶林过渡成针叶林。在欧亚大陆的温带，西欧典型的落叶林可分布到苏联的欧洲部分。由于冬季落叶，夏季绿叶，所以又称"夏绿林"。落叶阔叶林分布区的气候特点是：一年四季分明，夏季炎热多雨，冬季寒冷。落叶阔叶林的结构比较简单，可以明显分为乔、灌、草三层。

　　亚寒带针叶林生长于亚寒带针叶林气候带，主要分布在北纬50°~65°之间。分布地区包括北极苔原带以南，温带落叶阔叶林以北欧亚大陆和北美的寒温带。针叶林带冬季悠长寒冷，夏季短促潮湿，针叶林树种组成单调，地面覆盖很厚的苔藓、地衣，灌木和草本植物稀少，冬季积雪很深，动物生存条件不如其他森林带。林木主要是耐寒的落叶松、云杉等。

　　2. 草原生态系统

　　草原生态系统一般分布于半湿润、半干旱的内陆地区，如欧亚大陆温带地区、北美中部、南美阿根廷等地，那里降水量较少且集中于夏季。生产者以禾本科草本植物为主，生态系统的营养级和食物网比森林生态系统简单。

　　3. 荒漠生态系统

　　荒漠生态系统一般分布于亚热带和温带干旱地区，如欧亚大陆的内陆、美国中西部和北非及阿拉伯半岛等地。那里降水量稀少，且气温变化剧烈，温差较大。自然环境的严酷限制了植物的生存，生产者仅为数量很少的旱生小乔木、灌木或肉质的仙人掌类植物。种类贫乏，结构简单。在陆地生态系统之中，荒漠生态系统是最不稳定的生态系统。很容易遭到破坏而导致其结构损害和功能退化且很难恢复。

（1）水域生态系统。水域生态系统包括了江河湖海，其中海洋的面积最大，占到了全球面积的 2/3。水域生态系统对生物的主要限制因子是光照。在黑暗的水底，因为缺少光照，植物无法进行光合作用，除了少数细菌和极特异的生物之外，几乎没有生物能生存。水域生态系统按照其水化学性质的不同，可划分为淡水生态系统和海洋生态系统。

（2）淡水生态系统。包括了河流、湖泊、沼泽、池塘、水库等，其植物类型主要有挺水植物，它们的根和茎的下部在水中，上部挺出水面，常见的挺水植物有芦苇、茭白、香蒲等；浮叶植物，这些植物的根着生在水底淤泥中，叶子和花漂浮在水面上，常见的浮叶植物有睡莲、眼子菜等；沉水植物，它们的根系扎于湖底，茎、叶等整个植株都在水中，常见的沉水植物有苦草、水花生等；漂浮植物因整个植株漂浮于水面而得名，它们主要是一些藻类等，曾一度成为关注焦点的水葫芦也是漂浮植物。

（3）海洋生态系统。因海水深度的差异分为浅海带和外海带。浅海带包括自海岸线起到深度 200 米以内的大陆架部分，这个部分光照充足，温度适宜，是海洋生命最为活跃的地带。外海带指深度在 200 米以下的海区，最深可达万米以上，在海洋深度 100 米以内的海域，光照充足，水温较高，集中了大多数的海洋生物，而随着海洋深度的增加，水压增大，且光照渐至全无，几乎没有任何植物生存，但有以动物或动物尸体为食的少数动物生存。

除了主要的自然生态系统之外，部分生态系统由于受到人类的强烈干预，以至于人类的力量成了这部分生态系统的决定力量，人类力量一旦撤离，这部分生态系统随时有崩溃的危险，这样的生态系统被称为人工生态系统。农业生态系统和城市生态系统是典型的人工生态系统。

（4）农业生态系统。对人类的重要用处就是使系统内的物质和能量最大限度地流向人类。它有两个重要特征，其一，结构极端单一，人类有意识的种植一般都是单种作物种植；其二，系统稳定性差，人类须通过锄草、去除植食动物的捕食压力以及施肥等办法保证作物的生长。人工生态系统的每个环节都需要人力支持，一旦人类力量撤销，则随即杂草丛生，人工生态系统崩溃。

（5）城市生态系统。似乎是人类控制自然环境最成功的象征，它只能在人类力量的支持下运行。在城市生态系统中，自然生态系统的物质循环和能量流动方式被彻底改变。

（三）地球生态系统的能量流动和物质循环

从生态系统的角度来看，能量的流动基本上是通过食物网进行的，并形成逐级递减的趋势。但是食物网的复杂性也使得能量的流动异常复杂，能量往往有多条流动渠道。虽然能量流动的渠道复杂，但是它进入生物系统的途径是唯一的，即生物间能量流动的开端是唯一的，但出口却是多样的。

总的来说，自然界的能量在生物中的流动可以分为四个库：植物能量库、动物能量库、微生物能量库和死有机物能量库。太阳光经反射、散射，被大气吸收后，部分到达生物圈，其中一部分被植物利用并储存，植物本身的新陈代谢消耗一部分能量，被以热量的方式返还自然界，也可以通过食物链传递到动物能量库，或因死亡而进入死有机物库，并最终由分解者分解进入微生物库，在此过程中一直伴随着能量向自然界的流动，动物能量库的能量也通过新陈代谢、捕食、死亡等途径，最终进入自然界，从而构成了能量在地球生态系统中的流动。

大气、水体和土壤等环境中的营养物质通过绿色植物的吸收，进入食物链被其他生物重复利用，最后再进入环境，这一过程被称为生态系统的物质循环。物质循环同样可以用两个概念来表示，一个是库，一个是流通。以一个池塘生态系统中的磷循环为例，磷在水体内的含量是一个库，在水生生物体内是一个库，在底泥内又是一个库，水生生物吸收水中的磷，死后沉入水底，再由底泥向水中缓慢释放出磷，这样便构成了磷的循环。在地球生态系统中最重要的物质循环包括水循环、碳循环、磷循环等等。以下就简单介绍这几种物质在地球生态系统中的循环。

1. 水循环

水是生命过程中最重要的成分，是生物体各种生命活动的介质。地球上的江河湖海、冰川、土壤、大气都含有大量的水，其中海洋中的液体——咸水约占地球水总量的97%。生物圈的水循环是在大气、海洋和陆地之间进行的。当海洋受热，水蒸发成水蒸气，部分随大气环流进入内陆，通过雨、雪等形式降到地面，或成为高山积雪，或形成地表、地下径流再次进入海洋，其中一些地面的水分也会直接蒸发，或被生物利用而进入大气，通过环流进入海洋。值得注意的是，地面的蒸发量与植被有着密切的联系，土地裸露会使土壤的蒸发量增大，没有植被的截留，地面径流也会增大，并同时导致肥沃土壤的严重流失。植被对于调节水分平衡起着重要的作用。人类若不注意保护植被且滥用生物资源，会导致水土严重流失、土地荒漠化和气候恶化。

2. 碳循环

碳是一切生命中最基本的成分，有机体干重的45%以上都是碳。全球的碳绝大部分以碳酸盐的形式禁锢在岩石圈中，其次是储存在化石燃料中，但是生物可以直接利用的碳却来自大气和海洋。大气中的碳通过光合作用被植物吸收，并在生物中循环利用，最终通过呼吸作用和有机体的分解腐烂而重新进入大气之中。碳也可以通过径流进入海洋之中，被海洋中的生物所利用。同样，随着海洋生物的死亡又将碳释放到海水之中，一部分海洋生物因死亡而沉入海底，将暂时脱离循环，但随着石灰岩和珊瑚礁的形式而露于地表，在风化作用下，将再次进入大气。海洋可以说是大气碳储量的良好的调节器。但目前随着工业生产的需要，过多的化石燃料被利用，工业生产释放了大量的二氧化碳，打乱了地球生态系统的自我调节进程。虽然仍有人怀疑二氧化碳在大气中含量的变化与当前全球气候变暖具有因果关系，但二氧化碳含量在大气中的增加会对整个生物圈产生难以控制的后果是不容置疑的。

3. 磷循环

磷是生命不可或缺的重要元素，也是生物遗传物质 DNA 的重要组成部分。磷不能与任何气体化合，而主要分布在岩石中，另外是在土壤和水体的溶解盐中，地球上磷循环的开端是从岩石开始的，岩石通过风化作用和人类的开采，在水中形成磷酸盐，从而被动植物吸收并重复利用，最终由于生物的死亡而回到环境中。溶解性的磷酸盐顺着河流流入海洋，并沉淀在海底，这一部分将长期留在海底，而只有通过地质变迁，形成新的地壳才能在风化后再次进入循环。但在当代，因为人类对磷矿的大量开采，过度地消耗磷矿产，溶解性磷酸盐在江河湖海中的浓度增大，形成了水体的富营养化。此外，由于磷再次进入循环的时间间隔非常长，大规模地开采磷，有可能导致未来磷供给的短缺，从而成为人类生存发展的限制因子。

地球的能量流动和物质循环已经处于人类的过度干预之中，人类破坏了地球本来良好的能量流动和物质循环的平衡，这对地球生态系统的影响将是难以预测和控制的。可以说，人类的这些活动已经使人类自身陷入了深重的危机。

二、全球生态危机

地球生态系统虽然有巨大的生态承载力，但是所有的自然系统的生态平衡都是相对稳定的，通过自我调节而围绕某个中心点波动。如果人类活动的强度超过了地球生态系统自我调节的能力，它就可能失去原有的稳定状态。

在环境破坏之初，人们仅仅从环境保护的角度来看待污染问题，可是当生态学的研究逐渐受到人们关注而人类在环境问题面前又表现得无力时，人们终于意识到一场全球性的生态危机已经成为人类发展甚至继续生存的主要威胁。地球经历了数十亿年的协同进化，具有保持自身平衡的机制，但地球生态系统的稳定性机制是什么样的呢？人类又如何破坏了这一切而导致了深重的生态危机呢？

（一）生态系统的稳定性分析

地球生态系统原本具备良好的稳定性，这与地球数十亿年的协同进化分不开。在协同进化的过程中，地球生态系统具备了一系列的重要特征。正因为生态学认识了这些特征，才使人们对于生态系统的稳定性有了更深刻的认识，同时也意识到了破坏地球生态系统平衡所导致的生态危机的深重。

我们首先要说明什么是协同进化。达尔文的进化论认为，动植物在长期适应环境的过程中，逐渐在生理、形态、行为上适应了环境而存活下来，这即是所谓的适者生存。如长颈鹿的长脖子就是长期适应环境的进化结果。能吃到较高树叶的个体更有生存竞争力，因此脖子长的鹿的基因被选择性地保留下来，从而成为长颈鹿。

但由此我们不可认为生物只是适应环境，而对环境毫无影响。协同进化论认为，不但生物在适应环境，同时环境也在适应生物，即生物也通过自己的生命活动改变着环境，并使之更适合生物自身的生存。仍可以长颈鹿的脖子为什么那么长为例，正因为树叶低的树木因叶子容易被长颈鹿全部吃光而死亡，因此留下都是很高的树木，即树木同时也受到了长颈鹿的压力而被定向选择，而高叶子的树木又反过来对长颈鹿施加压力。事实上，地球上的物理环境也并非碰巧适合目前生物的生存，而是经过生态系统的进化，在生物的作用下，才逐渐变成今天适合生物生存的环境的。如微生物在营养物质循环中，尤其是氮循环中，就对大气和海洋的内部平衡起着重要作用。因此整个适合生物居住的环境也是生物自身努力的成果。

地球生态系统通常有以下几个特征：第一，整体性。生态系统中的生物与环境构成紧密的联系，能流、物流的多向运动构成了一个稳定的网络系统。这个网络越复杂，可容纳的物种越多，反过来，物种越多，其网络必然越复杂。这个紧密的网络构成了一个整体，其中任何一个物种的灭绝或一个条件的改变都会对生态系统整体产生影响，即生态系统中的每个事物都与其他事物联系着。这就是生态系统的整体性，也是生态系统最为重要的一个特征。第二，有序性。生态系统的复杂性决定了它具有多变量、多要素的层级结构，较高层级的系统有较大的尺度、较低的频率和较慢的速度。不同层级的系统总处于复杂的互动之中。第三，开放性。生态系统需要从外界吸收能量，以维持自身的有序性，生态系统越大，需要的能量越大，而对于地球来说，源源不断的能量来源就是太阳。第四，自维持性。生态系统的调控主要表现在三个层次。一是同种物种之间的调控，同种物种会因为密度过大而自我调节，在植物那里会表现为"自疏现象"，对于动物，不同学者提出了不同的理论以解释系统的自我调节，如动物密度过大，会导致精神压抑，内分泌系统紊乱，以至于繁殖能力降低，从而达到调节的效果。二是不同物种之间的调控，主要是通过捕食、竞争等种间关系进行调控。著名的狼与羊的例子就是这类调控，狼吃掉了老弱病残的羊，保证了羊群的整体质量，从而维持了生态系统的健康。三是环境对物种的调控，环境的变化会直接影响物种的生存。

生态系统的这些特征正是生态系统维持稳定的基础。承受一定压力的生态系统可以通过系统内部的调整而再次达到平衡，但是一旦压力过大就可能导致生态系统的崩溃。生态系统的调节机制被称为反馈调节，可分为正反馈调节和负反馈调节。正反馈调节是指系统输出的增大将同时刺激系统而增大输入，而负反馈调节是指系统输出的增大将减小系统的输入。其中负反馈调节是最为普遍的，如太阳到了正午时，辐射增强，植物叶片的温度增高，这会刺激植物气孔增大以加强蒸腾作用，通过水的蒸发而降低植物叶片表面的温度。负反馈调节对于一个系统保持相对稳定是至关重要的。正反馈调节相对来说没有负反馈调节普遍，比如人的排尿反射，当膀胱收缩时尿流刺激了尿道的感受器，传入冲动进入中枢进一步加强中枢的活动，并通过传出神经使膀胱收缩更为加强；膀胱收缩加强使尿流刺激也加强，再加强中枢的活动，使排尿过程越来越强烈，直至尿液排完为止。正反馈活动有些类似于恶性循环，在有机体出现病症的情况下较易出现。虽然正反馈调节在生态系统中并不常见，但是它也有其独特的重要性。

生态系统的调节准确而高效，主要是通过接收自然中的"信息"来进行自我调节的。通常可把这些信息大致分为四类：物理信息、化学信息、行为信息和营养信息。

物理信息包括了光、声、热、电、磁等。光是最常见的信息，光主要来自太阳。光可以刺激植物激素分布不均，从而导致植物具有向光性生长，而光的强度、光的长短等都会引起植物产生相应的生理变化。动物利用光信息的行为则更为普遍和常见，如确定猎物的位置等等。声信息对于自然界的动物似乎是更为重要的信息，许多动物都依靠声音来确定食物的位置和发现敌害的存在。尤其在较深的水域中，由于光线不足，许多鱼类都靠声呐系统进行定位。电也是自然界中一种重要的信息传递方式，很多鱼类对电都有非常高的灵敏度。鱼群的生物电场还能与地球磁场相互作用，使鱼群能正确选择洞游路线。有些鱼还能察觉海浪电信号的变化，预感风暴的来临，及时潜入海底。磁信息是生物因对磁力不同程度的感受而形成的，地球磁场对于鸟类的迁徙至关重要，即使植物也对地球磁场有着明显的反应，在磁异常地区，其产量要比正常区域低。

化学信息也是生态系统所充分利用的一种信息。在生态系统中，生物代谢产生的化学物质具有传递信息的功能，是生态系统中信息流的重要组成部分。生物通过分泌一些特殊的化学信息，以调节自身的生殖、发育等。但是人造化学物质在自然界往往会对环境中的生物的正常生理、行为造成影响，扰乱生物的活动，最终引起生物的死亡。

最为常见的行为信息就是蜜蜂以跳舞的方式告诉同伴哪里可以采到花粉，其范围有多大等。营养信息是通过食物链而形成的，低阶营养级能量与高阶营养级能量之间形成了一定的比例关系。如畜牧业中，牧草与羊群的关系总存在一定的比例，羊群是不能超越牧草数量而无限扩大的。

生态平衡是指在一定时间内生态系统中的生物和环境之间、生物各个种群之间，通过能量流动、物质循环和信息传递而达到高度适应、协调和统一的状态。

以上就是生态系统中信息传递的几种主要方式。生态系统正是通过这些信息传递而在负反馈调节中达到了自身的动态平衡，保持了相对的稳定性。生态平衡就是生态系统中生物各种群之间，通过能流、物流、信息流的传递，而达到的相互适应、彼此协调的状态。生态系统通过发展、变化、调节而达到的平衡主要包括结构上的稳定和功能上的有序。生态平衡不是静止的，而是处于动态之中的，因为物质总是在不断循环，能量总是在不断流动。相对于外部环境，生态系统的平衡需要物质、能量之输入、输出的相对平衡。而生态系统本身在一定程度上可以自我修复以达到内部的平衡，其营养结构网络越复杂，其功能也就越健全，从而越稳定、越健康。这样，生态系统的抗压能力也就越强。

生物多样性对于生态系统的功能健全和稳定十分重要。当一个生态系统的生物多样性高时，其结构也就复杂，系统也就稳定。生物多样性顾名思义指生物物种的多样性。但是在生物学和生态学上，人们将生物多样性划分为三个层次：一是遗传基因的多样性，随着分子生物学和基因工程研究的发展，人们意识到遗传基因也是宝贵的资源，很多基因对人类是大有裨益的，随着物种的消亡或单一化而导致的基因流失是一种巨大的资源损失。基因流失会降低生态系统抵御环境风险的能力，从而使生态系统易于退化、崩溃。二是物种的多样性，物种丰富，其食物网必定复杂，每个物种在营养结构中所占的相对权重降低，一旦遇到突发事件，导致某些物种消亡，也不至于对生态系统的结构造成过大的破坏，从而较易再次达到平衡的稳定状态。三是生境的多样性，生境是指生物所生存的环境，环境的异质性高也是保证生物物种多样化的一个基础。从这个意义上说，保护原始森林至关重要。原始森林正快速地从地球上消失。一旦我们连一块原始森林都没有，那就是生境多样性的巨大损失。这会直接导致许多物种的灭绝，从而严重破坏生物多样性。因为生物多样性是生态系统稳定的最重要的指标，故在当今世界的环保运动中，呼吁保护生物多样性的声音很高。

对生态系统造成破坏的原因是多种多样的，可概括为两个方面的原因：一方面是自然原因，一方面是人为原因。自然原因如火山爆发，火山灰覆盖了原来的草地，整个草地生态系统都会直接消失。另外，地震、火灾等自然原因也都可能对生态系统造成致命破坏。生态系统必须经过长期进化才能进入高级阶段或发展为顶级群落，即结构最完整且与环境高度适应的群落。生态系统可受到不同程度的破坏。一个生态系统也可能趋于一定程度的退化，其结构受损，功能受阻，但还没有彻底崩溃。在这些情况下，都可以认为生态系统遭到了破坏。在现代工业文明时期，人类的破坏成为地球生态系统受损的最主要的原因，人类的破坏直接导致了当代的生态危机。保持生态系统的稳定，构建人与自然和谐相处的文明已经成为人类生存发展所面临的根本任务之一。

（二）地球生态系统面临的危机

人类对于生态环境的严重破坏引发了生态危机，使人类生存和发展受到了威胁。生态健康一旦遭到严重破坏，在较长时期内都很难恢复。

地球生态系统正面临着以下方面的威胁，而这些威胁都已经逼近了地球生态系统所能承受的极限。

海洋酸化：自工业革命以来，全球海洋浅层海水的 pH 值已由 8.16 下降到了 8.05。其实，酸化本身并不是主要问题，真正严重的是由此引起的连锁反应。浅层海水中碳酸钙饱和度的降低便是最让人担心的一点。虽然就目前而言还不是特别严重，但它一旦低于某一阈值，像海螺、珊瑚一类的以碳酸钙为主要发育条件的外骨骼海洋生物就将面临被海水溶解的风险。没有生命的海洋从大气中吸收二氧化碳的能力会大幅下降，地球将变得更热。

臭氧层空洞：20 世纪 70 年代，南极上空的臭氧层空洞向人类发出了警告。世界各国迅速采取了弥补行动。随着导致臭氧层空洞的化学物质的禁用，臭氧层暂时渡过了难关。但另一个担忧是全球气候变暖带来的影响。当全球气候变暖后，更多的热量聚集在地表，致使臭氧层更加寒冷，很有可能促使滞留在大气层中的吞噬臭氧的化学物质把臭氧层"凿开"一个空洞。

淡水枯竭：人类已经操控了世界上的多条河流。因为修筑大坝，许多条河流终结了生命，人类行为已经导致许多湿地干涸。人们还大量抽取宝贵的地下水。一些人还在毁灭森林，破坏自然界的水循环。随着人口的增加，水资源匮乏问题将越来越突出。

物种大规模灭绝：生物多样性是健康生态系统的重要指标。目前，我们还不能确定究竟要损失多少物种、哪些物种，才会导致生态系统崩溃。当然，我们也决不希望这一天到来。但是按照目前生物灭绝的速度，人类面临生态系统崩溃的危险正越来越大。

土地匮乏：农业的拓展速度继续加快，人们已经开始征用热带雨林作为农业用地。目前，世界上过半的热带雨林已经消失。草原原本是野生动物活动的天堂，现在却成为人类巨大的牲畜场。一些学者认为，农业扩张使地球生态系统丧失了大量的服务功能，加剧了气候变化，并改变了淡水循环。

二氧化碳浓度增加：二氧化碳浓度增加导致全球气候变暖是近年来讨论最多的话题。大量历史证据显示，大气中不断增多的二氧化碳改变了地球气候。是化石燃料的使用使得大气中的二氧化碳含量大幅度增加。

气溶胶"超载"：人类活动搅乱了地球的生态平衡，在燃烧煤炭、粪肥、森林和废弃农作物时产生灰尘，使得大气中的烟尘、硫酸和其他微粒含量增加。自工业革命以来，地球上的气溶胶浓度已经增加了两倍以上。这些气溶胶不仅影响气候，还对人类健康构成威胁。用这些化学物质生产上百万种产品，在生产的同时，又会产生许多副产品，这些东西对人类健康产生了严重的负面影响。其中对人类危害最大的是那些诸如铅之类的有毒重金属、积累在人体组织中的有机污染物以及放射性化合物。

可以说地球生态环境形势异常严峻。值得庆幸的是人类已经意识到了生态破坏的危险，因此正逐步改变自己的生活方式，希望找到一种与自然和谐相处的生活模式，而生态城市正是人类积极探索的实践成果。

（三）生态城市

生态城市的提出代表着人类对人与自然关系之认识的深化，生态城市是按照生态学原则建立起来的社会、经济、自然协调发展的新型城市，代表着有效利用环境资源实现可持续发展的新的生产和生活方式；是按照生态学原理设计的高效、和谐、健康、可持续发展的人类聚居环境。为了对生态城市进行清晰的描述，有必要了解城市生态系统的一般特征。

1. 城市生态系统

城市是人类最为重要的活动单元，也是人工痕迹最为明显，对自然生态过程改变最为突出的地方。城市的生态化改造和建设是生态文明建设的关键。既然绝大多数人都舍不得离开舒适的城市，就必须把城市的物流、能流完全纳入自然生态系统的循环之中，使之符合生态化原则。然而，城市生态系统与自然生态系统相比有其自身的独特性，只有在充分把握了城市生态系统运行规律的基础上，才能对其进行优化和改造。城市生态系统是人为改变了系统结构、物质循环和部分改变了能量转化的、长期受人类活动影响的、以人为中心的陆生生态系统。通常认为，城市生态系统有这样几个特征：

首先，城市生态系统是人工生态系统，人是这个系统的核心和决定因素。这个生态系统本身就是人工创造的，它的规模、结构、性质都是人们自己决定的。至于这些决定是否合理，需要通过整个生态系统的作用效力来衡量。在这个生态系统中，人既是调节者又是被调节者。

其次，城市生态系统是消费者占优势的生态系统。在城市生态系统中，消费者生物量大大超过第一性初级生产者生物量。它的生物量结构呈倒金字塔形，需要大量的辅加能量和物质的输入和输出，相应地需要大规模的运输，对外部资源有极大的依赖性。

再次，城市生态系统是分解功能不充分的生态系统。城市生态系统较之自然生态系统，资源利用效率较低，物质循环基本上是线状的而不是环状的。分解功能不完全，大量物质能源常以废物形式输出，造成严重的环境污染。同时城市在生产生活中，把许多自然界中深藏地下的甚至本来不存在的物质（如许多人工化合物）引进了城市生态系统，加重了环境污染。此外，城市生态系统是自我调节和自我维持能力很薄弱的生态系统。当自然生态系统受到外界干扰时可以借助于自我调节和自我维持能力以维持生态平衡；而城市生态系统受到干扰时，就只有通过人们的正确参与才能维持生态平衡。

最后，城市生态系统是受社会经济多种因素制约的生态系统。作为这个生态系统核心的人，既是"生物学上的人"，又是"社会学上的人"和"经济学上的人"。从前者出发，人的许多活动是服从生物学规律的。但就后者而言，人的活动和行为准则是由社会生产力和生产关系以及与之相联系的上层建筑决定的。所以城市生态系统是和经济系统、社会系统紧密联系的。

从地球化学的观点来看，城市也是一个物质循环系统，它也有物质的输入、输出和内部的转移变化。阐明这些物质的收支、转移和变化是解决城市中各种问题的基础。就物质输入而言，从外部进入城市的物质有天然输入的和人工输入两部分，前者如空气，大部分水以及其中含有的物质，它们是由天然的空气流动和大气降水、河水、地下水进入城市的；后者包括原材料、生产资料以及生活资料，这些物质是由人工生产，经过各种运输工具以及人造特殊管线输入城市。

在进入城市的物质中，一部分在市内不发生变化，仅仅作为流通物质或商品保持原形再输出城市或保留在城市中，另一部分则很快被使用而改变其形态。木材、钢材、水泥、石料等建筑材料，多长期蓄积在市内，组成城市的一部分，同时也扩大了城市的空间；而生产原料，如煤炭、石油和各种矿物在市内加工后，一部分用于市内，一部分运往市外；生产过程中产生的废弃物，一部分留在市内，一部分则输出市外。城市物质输入输出的吞吐量很大，但不同规模、不同性质的城市，其输入输出的规模、性质、代谢水平不同。工业城市的输入以原料、能源为主，输出以工业品和工业废弃物为主，风景旅游城市的输入以消费品为主，输出中生活废弃物比重较大，交通与港口城市的输入与输出以中转物资为主等。

以上介绍了城市物质循环的一些基本情况。然而城市对自然环境的破坏在根本上就体现在对自然物质循环过程的破坏。在自然生态系统中，物质能够完全进入循环过程，生物通过捕食而补充物质，最后生物的死亡被彻底分解，从而又进入自然的循环系统，然而在城市生态系统中却无法保证这样的循环。

伴随着城市物质收支的不平衡以及能量的大量摄取和消耗，环境破坏已经成为城市不可回避的一个重大难题。城市的发展和维持，需要得到物质的补充，因而需要得到大量能量的支持。可以说，城市生态系统中的一切活动都靠消耗各种形式的能量来维持。根据热力学第一定律，城市生态系统中的能量可从一种形式转变为另一种形式，但在能量传递过程中，很大一部分能量在维持系统的活动中被消耗掉。因而，城市生态系统能量转化的效率是很低的。一个城市的能流强度，也就是它的能量消费，可以代表这个城市的发展水平，也是衡量城市居民生活水平的主要指标。在一般情况下，能量的消费量和国民生产总值的增长是成正比的。能量不足就会影响城市发展，甚至对城市造成重大破坏。

城市能源种类很多，按照来源特点可分为：自然能源、矿物能源和生物能自然能源包括太阳能、风能、潮汐能、地热能等；矿物能源包括煤、石油、天然气及其制品；生物能源包括沼气、秸秆、木材等。对于不同能源类型进行评价是一个十分复杂的问题，它涉及政治、国防、社会、经济、资源和技术等许多方面。以下仅从生态学的角度，分析各种能源的优缺点。

太阳能具有数量大，可自由使用，无污染的优点，但是地区、季节差异大，不稳定，储备难，而且应用技术复杂。风能无污染，可自由使用，但不连续，无规律，建筑面积要求很大且储备困难。地热能原则上到处可用，没有大气污染，较为安全可靠，但技术复杂，费用太高，效率较低，但冷却水需要量较大，会导致热污染增加及发生地面沉降的危险。水力能没有空气污染，可以和饮水、灌溉、水源保护等相结合，但储量有限，并仅存于局部地区。潮汐能虽然能源丰富，且无空气污染，但是设备工程巨大，且投资太高。煤炭虽然有一定储量，但开采昂贵，产生垃圾太多，污染空气严重。石油用途较多，较煤炭清洁，重金属含量少，但是储量有限，价格昂贵，需经化学处理，同样污染空气。天然气在所有矿物性燃料中是最为清洁的，但仅储存于局部地区，比较昂贵，因只能用管道输送，限制了远距离运输（中国的西气东输是一个重大的工程）。泥炭开采容易，但是储量有限，面积分散，含能量少且污染空气。核能不产生废气，无需露天采矿，没有油污染，也不消耗化石燃料的储量，但具有热污染以及存在核辐射的危险，设备昂贵，技术要求高。木材有多种用途，可再生，矿物少，空气污染轻，但产量有限，木炭发动机功率小，作燃料不合算。酒精有可能通过大面积种植作物而获得，但占用土地，消耗肥料，种植费用高，并且需要再加工。沼气属于废物再利用，可以循环，但发生量有限，对大工业不适用。

城市输入各种形式的能量，一部分以热能、化学能的形式储存起来，另一部分以热、声、光、电以及化学能形式输出城市。能量增加促进了城市发展，而城市发展又增大了能量需要，城市似乎成了一个需要无穷能量的黑洞。如果说物质输入是城市的骨骼，那么能量输入就是城市的血液。维持城市生态系统所需要的能量大大地高于一般的自然生态系统，而目前最为广泛利用的煤、石油都是有限的不可再生能源，能源已经成为人类继续发展的一个限制因子。人类要谋求可持续发展，必须避免走高耗能的城市发展道路，在现阶段至少要尽力实现能源的清洁化，尽量减少污染，保护生态环境。

在自然系统之中，任何一个种群，如果增长过快或对能量消耗过多，都会引起它所在生态系统的崩溃。这个原理也适用于城市生态系统。城市能量流动的特点就是大量投入，大量浪费，这样的高速运转所维持的系统是非常不稳定的，一旦能量投入出现困难，则系统必然迅速瓦解。事实上，现代城市的能量高投入是不可持续的。城市的人口规模应该和它的资源相适应，不能无限地扩大，能量投入和利用也应该有所限制，人们应当有一种节约能量的意识，肆意挥霍能量的城市是不可持续的。如果人们不想离开城市，就必须走生态城市建设的道路。

2. 生态城市之路

生态城市是当今各界讨论的热点之一，已出现许多对生态城市的解释。不同的学者提出了不同的生态城市构建模式和观念。生态城市的提出的确是针对城市建设所造成的环境污染和生态破坏的，但是随着生态城市概念的推广，这一概念的含义已发生了复杂的变化。我们认为，在理解"生态城市"概念时，须注意以下三个重要方面：

第一，生态城市物质的进口和出口要与自然生态系统相协调，在城市中产生的物质在城市中消化。自然生态系统经历了数亿年的进化，所有自然物种从出生到死亡都有与之相适应的环境，可以将其物质和能量流动纳入到生态系统的大循环之中，但是人工合成物质极难在自然环境中快速分解。因此在物质循环的过程中，一部分无法出口城市的物质就被积压，长此以往必然造成生态系统物质循环体系的崩溃，从而导致生态系统整体的崩溃。

第二，人类不但要考虑物质的进口和出口问题，也要考虑让物质的存在过程尽量不扰乱或少扰乱地球生态系统中的信息网络。一旦扰乱了生态系统的信息传递，生态系统的调节功能退化，自维持机制失灵，则生态系统的稳定性必然降低，从而更容易因干扰而走向崩溃。

第三，能源的使用要具备可持续性，不能在无周密计划和安排的情况下随意开采各种化石资源。化石燃料的形成是个长期的过程，而人类短短几百年的工业生产就几乎将地球储备了数十亿年的资源耗尽，这样的速度必然是地球生态系统所无法承担的，而迅速消耗矿物资源所伴随的生物圈的物质变化也将进一步引起整个地球生态系统的动荡。

因此建设生态城市不仅是多种树、多搞绿化，而且涉及全面和深刻的城市观念的转变。从物质循环的角度来看，生态城市中物品的使用应当充分体现重复利用的原则，应尽量减少一次性物品的使用。我国的建筑废料是垃圾围城的重要原因之一，为减少建筑废料，应当尽量延长房屋等基础设施的使用寿命。我们每天都在消耗能源，如何保障能源的可持续开发是当前人类社会发展的核心问题。就我国而言，能源资源的人均占有量比较低。新能源应具备的基本条件是：储藏量大，最好是可再生能源；清洁而安全，对环境影响尽可能小；使用方便且能连续稳定供应；技术经济合理。当前从城市经济发展对能源的需求增加和急迫需要解决严重的环境问题这一实际情况出发，在现有技术、经济基础上应逐步合理地调整能源结构，提高化石能源的有效利用率，节约能源，逐步提高自然能源利用率，加快新能源的研究和开发，由多种途径，开发多种能源来解决能源的供需平衡。

因此，解决能源利用问题主要有以下几个方面的思路：首先，充分利用能量资源、减少浪费，优化能源结构。减少浪费是能源利用方面的一个重要问题。我国目前的能源结构以煤为主，存在着利用率低、经济效益差、污染严重和运输量大等四大问题。对于煤的利用，缺少深加工的工艺处理，其效率是很低的，而且煤会产生大量的空气污染，且由煤的产地运输到消费地也是一个沉重的负担，而更关键的是煤的利用率极低。其次，发展生物能源、开发垃圾能源，建立合理化的生产—消费体系是一项重要的举措，比如发展沼气就是解决能源问题的一条极重要的措施，农村地区发展沼气已有许多成功经验，在城市也可以利用有机废物产生沼气。北美和西欧的许多国家很早就利用城市污水处理厂生产沼气并作为动力能来使用。这样，污水处理厂不但节省了能源消耗，甚至向外供应能源，由单纯的消费单位变成生产企业。最后，大力开发无污染、少污染的新能源是今后能源发展的重要举措。我国幅员辽阔，城市分布在不同的自然条件下，能量储量的差别很大，不同城市的技术水平也不同，因此，需要根据各地不同情况加紧开发新能源。目前受到关注较多的有太阳能，太阳能是清洁的、用之不尽的可再生能源。利用太阳能不仅有利于改善城市的能源供应，而且还可以解决城市大气污染问题，因此它是未来最有前途的能源之一。其次是水力能，它虽然不属于新能源，但是我国水力资源丰富，而且可以兼收灌溉、调蓄之利，可大力开发利用，尤其是西南、华南地区水力资源丰富，地质地形条件很好，为发展水电事业提供了有利条件。再次是核电，从综合效果来看，核电在经济上是最合算的，我国煤炭和水力的分布不均，更使得核电成为一个重要的选择。最后，在有条件的地方，还可以发展潮汐能、风能和地热能。从长远的观点看，增殖反应堆和核聚变能将会成为人类未来的最终能源。

综上所述，我们认为，生态城市首先应该是一个规模适中的城市，而不是一个超级大都市。城市规模应当与其自然环境相匹配，城市过大也必然造成巨大的交通压力，加大资源能源浪费。其次，生态城市应该是宜居的，而不是钢筋混凝土的巨大牢笼，人有亲近自然的权利，有自由呼吸清新空气，有在干净的河水里嬉戏的权利，因此生态城市必然加大治理污染和保护环境的力度。人类的居所应当体现亲近自然的总原则。再次，生态城市应当是高效的，有发达通信系统的，从而可避免人们把生命浪费在无意义的奔波之中。最后，需要生活观念的根本转变，我们应该放弃追逐大城市的幻影，放弃追求无意义的经济增长数字的幻影。人类所追求的人生目的不能被单一化，不能仅仅由货币来衡量。人类需要的是幸福的、健康的、能保持内心宁静与平和的生活。生态城市可以为人类提供这样一种思考和探索的家园。

第二章　生态文明的理论基础与文化渊源

第一节　生态文明的理论基础

生态文明是近年来中国特色社会主义发展的重要理念之一，也是应对全球环境问题和可持续发展挑战的重要路径之一。其理论依据涵盖了多个领域，包括生态学、哲学和社会科学等。

一、生态学基础

生态学是生态文明的理论基础之一，它为我们理解自然界的运行规律以及人类与自然的互动提供了深刻的见解。在生态文明的构建过程中，生态学提供了重要的理论支持和实践指导。本节将深入探讨生态学在生态文明理论依据方面的作用，并详细阐述其中的两个关键概念：生态系统平衡和生物多样性。

（一）生态系统平衡

生态学强调了生态系统的平衡和稳定。这一理论依据为生态文明的核心思想提供了坚实的基础。生态系统是由各种生物和非生物因素相互作用而形成的，它们共同维持着生态平衡。

首先，生态学告诉我们，生态系统是一个复杂的网络，包括了生物圈、大气圈、水圈等各个层面。这些组成部分之间存在着相互依赖和相互制约的关系。任何一个生态系统中的变化都可能对其他部分产生连锁反应。

其次，生态学研究了生态系统的能量流动和物质循环。生态学家发现生态系统内的各个组成部分通过相互依赖的食物链和物质循环相互联系在一起，维持了生态平衡。人类的活动，例如过度开发土地、过度捕捞和大规模排放污染物，可能扰乱这种平衡，导致生态系统的不稳定。

最后，生态学的研究表明，生态系统的平衡和稳定对于生物的生存和繁衍至关重要。当生态系统受到干扰时，许多生物种类可能受到威胁，甚至灭绝。这引发了对生态系统恢复和保护的迫切需求。

因此，生态学的理论依据强调了人类社会与自然界之间的相互依赖关系。它提醒我们，人类活动对生态系统的干扰可能导致严重后果，包括气候变化、生物多样性丧失和资源枯竭等。生态文明的理念正是基于这些观点，强调了人类需要与自然界和谐共生，保持生态系统的平衡和稳定。

（二）生物多样性

生物多样性是生态学中的另一个关键概念，也为生态文明提供了理论依据。生物多样性是指地球上不同生物种类的多样性和丰富性，包括动植物、微生物和其他生物体。以下是有关生物多样性的要点：

首先，生态学研究发现生物多样性对于维持生态系统的稳定性和适应性至关重要。生态系统中存在着数以千计的生物种类，它们相互依赖，构成了复杂的生态网络。生物多样性使生态系统更能够应对外部冲击，例如气候变化、疾病和人类干扰。

其次，生态学还揭示了生物多样性与生态系统的功能和稳定性之间存在密切关系。较高的生物多样性通常意味着更高的生态系统弹性，能够更好地应对环境变化。相反，生物多样性丧失可能导致生态系统的脆弱性增加，容易受到外部干扰的影响。

最后，人类活动对生物多样性产生了巨大的威胁。森林砍伐、海洋过度捕捞、土地开发和污染等因素导致了许多生物种类的减少和灭绝。这对生态系统的功能和稳定性构成了严重威胁。

因此，生态学中的生物多样性概念提供了生态文明的重要理论依据。生态文明强调了保护和恢复生物多样性的重要性，以维护生态系统的健康和可持续性。这也体现了人类与自然界的和谐共生，符合生态学的核心观点。

二、哲学基础

生态文明的理念也在哲学领域找到了理论依据。生态伦理学和深生态思想为生态文明的发展提供了坚实的哲学支持，为我们构建一个更加和谐、可持续的未来提供了道德和哲学指引。

生态伦理学强调了人与自然的和谐共生，打破了传统的人类中心主义观念。生态伦理学认为，人类不应将自己视为自然的主宰者，而应将自己视为自然界的一部分。这一观点强调了我们与自然界之间平等且相互依存的伦理关系。生态伦理学告诉我们，我们的行为不仅仅影响自己，还会对整个生态系统产生深远影响。因此，我们有责任对待自然界以一种更加尊重和谨慎的方式，而不是盲目地剥削和破坏。这种伦理观念为生态文明的构建提供了坚实的道德指导，鼓励我们寻求与自然的和谐共生，而不是对抗自然。

深生态思想认为，生态问题不仅仅是技术或政策问题，更是一种根本的哲学问题。它挑战了传统的人类中心主义观点，呼吁重新审视人类与自然的关系。深生态思想强调了自然界的内在价值，主张自然界不仅仅是为了满足人类需求而存在的，而是拥有独立的生命和价值的。这一观点激发了对环境保护和可持续发展的更深层次的哲学思考。深生态思想要求我们不仅仅关注人类自身的利益，还要考虑到整个生态系统的平衡和稳定。它提醒我们，自然界的破坏最终也会伤害到人类自身。因此，深生态思想为生态文明的思想提供了坚实的哲学基础，鼓励我们追求一种更加综合和可持续的生活方式。

三、社会科学基础

社会科学为生态文明的理论提供了实际的支持。社会科学研究人类社会如何适应和响应环境变化，这对于理解生态文明的实际运作至关重要。

首先，社会科学研究了可持续发展的概念和实践。可持续发展是当今全球社会面临的最重要问题之一，它涉及如何在满足当前需求的同时，不损害未来代际的需求。这一理念强调了经济、社会和环境之间的协调与平衡。社会科学通过深入研究可持续发展的概念和实践，为生态文明的理论提供了实际支持。可持续发展强调了资源的有效管理，以满足当前和未来的需求。社会科学家通过研究资源分配、消费模式以及环境影响评估等方面的问题，为实现可持续发展提供了实用的工具和方法。他们通过调查人类社会的行为和决策，揭示了许多与可持续性有关的挑战，如过度开发、资源浪费和环境破坏。这些研究成果不仅有助于指导政府和企业采取可持续的经济发展策略，还提供了普通人可以采取的实际措施，以减轻对环境的不利影响。

其次，社会科学也关注了社会制度、政策和法律对环境保护和可持续发展的影响。社会制度如政治体系、教育体制和文化价值观，都对人们对环境问题的看法和行为产生深远影响。政府政策和法律则直接规定了环境保护的法律框架和规则，它们可以在很大程度上塑造人们的行为和决策。社会科学家通过研究这些方面，可以提供宝贵的见解，有助于优化社会制度、政策和法律，以更好地支持生态文明的实现。举例来说，社会科学研究可以探讨不同政治体系如何影响环境政策的制定和执行。一些政府可能更倾向于采取环保政策，而另一些政府可能更加注重经济增长。了解这些政治决策的影响有助于我们更好地理解环境问题的根本原因，并为改进政策提供依据。此外，社会科学还研究了公众参与和社会动员对环境问题的影响。公众的意见和行动可以推动政府和企业采取更加环保的举措。社会科学家可以通过分析社会运动、公众舆论和政府反应来帮助我们理解社会参与如何塑造环境政策和实践。在法律领域，社会科学研究可以帮助评估环境法规的效力和实施情况。这有助于发现法律制度中的漏洞和不足之处，并提出改进建议，以确保环境法规能够更好地保护自然资源和生态系统。

第二节　生态文明的文化渊源

一、中国文化传统中的自然生态因素

中国文化的象征和载体——汉字，其产生过程就是人与自然结合的产物。东汉许慎在《说文解字·叙》中说到汉字的创造，是"仰则观象于天，俯则观法于地，视鸟兽之文与地之宜，近取诸身，远取诸物。"《淮南子·本经训》说："昔者仓颉作书，而天雨粟，鬼夜哭。"说明创造汉字是惊天地泣鬼神的大事。在汉字起源的诸多传说中，不论是仓颉"见鸟兽蹄迒之迹，知分理之可相别异也，初造书契"，还是"神农见嘉禾而作穗书""黄帝见景云而作云书"，都是汉字造字"远取诸物"思想的反映。传统的文字起源传说，都把汉字与自然界的万物联系在一起。远古传说所要证明的是，古人总结的造字方法——"六书"（象形、指事、会意、形声、转注、假借）——均受惠于自然的启示这么一个道理。

二、中国古代思想史中与自然生态相关联的观念

儒家和道家都以天人合一为最高精神境界。道家学说面向大自然，面向整个宇宙，讲究天道，热爱自然，尊重物理。即使对于人的探索，也能够着眼于人的生理结构与特征，提出有价值的卫生健身之道。道家学说要处理的基本矛盾，是人与天的矛盾。这里的人指社会和个体，这里的天指人的生存环境与自然状态。道家倾向于法天以成人道，反对用巧以违天道，其出发点在自然天道。儒家以人道推论天道，将天道融入人道，道家则是以天道推论人道，将人道融入天道。二者形似而实异。孔子说"智者乐水，仁者乐山，智者动，仁者静"（《论语雍也》）。老子说"上善若水"（《老子》第八章）。孔子以山自比，老子以水自比，生动表现了仁者与智者之异。山的形象巍峨雄壮，草木兽虫以之生，云雨风雷以之出，仁慈而伟大。水的形象柔顺而处下，善利万物而不争，绵绵不绝而攻坚强考莫之能胜，谦虚而深沉。山岭育养生物，静中有动。水势任其自流，动中有静。孔子乐山，老子乐水，孔子好静（化人以德不以力），老子好动（因势利导不淤滞），不亦宜乎。而墨家核心思想中的"天志"（掌握自然规律）、"节用"（节约以扩大生产），应该说也包含了我们今天所说的生态观念。

三、中国文学中的自然生态因素

东晋陶渊明和唐朝王维，是我国历史上著名的山水田园诗代表人物，在他们的笔下，为我们描绘了一幅幅优美恬静的田园风光画面。如陶渊明的《饮酒》诗句"采菊东篱下，悠然见南山。山气日夕佳，飞鸟相与还。"以及《归园田居（其一）》"少无适俗韵，性本爱丘山。……开荒南野际，守拙归园田。方宅十余亩，草屋八九间。榆柳荫后檐，桃李罗堂前。暖暖远人村，依依墟里烟。狗吠深巷中，鸡鸣桑树颠。户庭无尘杂，虚室有余闲。久在樊笼里，复得返自然。"诗中描写了自己心中的家园：檐后的榆柳绿荫铺地，堂前的桃李花荣繁茂，极目远眺，村落炊烟，朦胧疏淡，犬吠鸡鸣，依稀可闻。寥寥数笔勾勒山乡村平和安宁的生活，使人们无法不勾起对那种与自然和谐的田园生活的向往之情。王维的"春风动百草，兰蕙生我篱。暖暖日暖闺，田家来致词。欣欣春还皋，澹澹水生陂。桃李虽未开，荑萼满其枝。"（《赠裴十迪》）、"新晴原野望，极目无氛垢。郭门临渡头，村树连溪口。白水明田外，碧峰出山后。农月无闲人，倾家事南亩。"（《新晴野望》）这里我们可以看到，诗人以自然清新的语言描绘出平凡而又充满活力的农村生活，美丽的乡间风光与盎然的诗意情趣相融，那么富有生机，读之令人愉悦。类似的文学作品，都能激起人们热爱自然、珍惜自然的情感，在潜移默化中形成与自然和谐相处的理念。

第三章 生态文明与科技发展的思考

第一节 科技伦理的生态学转向

科技高速发展是当今社会的重要特征。科技的出现和发展加速了现代化的进程，同时也引发了一系列环境问题。改革开放 40 多年来，我国经济建设取得巨大成就，国际话语权和影响力稳步增强，但人类活动利用科技对生态环境干预的进程也在加速，危害程度愈演愈深。因此，科学技术作为人与自然关系的中介，实现其生态转向，有利于践行"绿水青山就是金山银山"的理念，更好地实现生态文明建设，为满足人们美好生活的需求提供宜人的社会环境。从这个意义上讲，在新时代条件下，实现科技伦理的生态学转向是非常及时且必要的。

一、科技伦理生态转向的逻辑理路

（一）历史逻辑：科技发展与人与自然关系的历史演变

科技的扩张性和人性的功利性使得人类将"科技"更多地视为一种手段，将功效理性体现得淋漓尽致，忽视了科技本身在人类生产生活中存在的意义。科学技术在人与自然关系的变迁中发挥着重要作用。如果不处理好科技发展过程中人与自然的关系，科技会偏离本身的道德和价值轨道，破坏生态系统的平衡，引发各种生态问题，影响人类的生存和发展。因此，重新审视人与自然关系的变迁过程，认识和理解科技在人与自然协调发展中的作用，有助于实现科技伦理的生态学转向。

人与自然关系的第一阶段是人对自然的依附阶段。在远古时代，人类刚从动物界中演化而来，自然属性远胜于其社会属性。通过使用简单的石器和木棒等生产工具满足自身的生存需要，生产活动受制于自然、屈服于自然。甚至在自然环境和自然资源的条件下，人们对自然界充满崇拜和畏惧。

第二个阶段是人对自然的征服阶段。人类历史进入资本主义工业社会，科学技术条件下大机器生产的广泛应用，极大地促进了社会生产力的发展。人们借助于科技，使自身从大自然的奴役中解放出来，自然界的本质和规律开始被人类所掌握，确立了人类的主体地位。但是工业社会的人实则是异化的，基本追求物质方面的满足，向自然界索取和挥霍自然资源，通过科技的驱动力提高劳动生产率，加快获得物质财富的步伐，从而实现个人的"幸福"，加剧了人与自然之间的紧张程度。

第三个阶段就是在高科技主导下实现人与自然的和谐共生。随着信息化和智能化时代的到来，社会生产力取得了飞跃的发展，人们开始关注经济之外的多种需求，以期实现个人的全面发展。而人与自然的和谐共生是社会持续发展的基本条件，也是个人发展的重要基础。从工业时代片面发展经济引发的一系列生态问题，人们开始调整对自然的蛮力控制，致力于研究绿色能源技术、生物技术等高科技，在满足社会和个人发展的同时，减少对自然资源的损耗和浪费，减轻对自然环境的污染，真正实现人与自然的和谐共生。

（二）现实逻辑："绿水青山就是金山银山"理念

在 21 世纪实现科技的生态学转向，是对当前生态问题的积极回应。在现代科技的深度开发和广泛运用下，环境问题已从区域性扩展到全球性，人类不合理的实践活动危害了整个地球的生态系统。

中国特色社会主义进入新时代，我国的主要矛盾已经发生了变化。

一方面，我国新的历史定位意味着全党全国要致力于实现人们的美好生活。从"物质文化需要"到"美好生活需要"的转变，表明人们关好生活的内涵和外延在不断拓宽，不仅要满足人们生活的基本需要，还要关注人民群众的社会和生态需求。科技的发展也应当与人民需求保持一致，在科学技术条件下"征服自然，大力发展生产力"的生产模式已经不能适应当代社会的发展要求，应该是在保证人与自然和谐发展的前提下运用科技更好地满足人类需要。

另一方面，从"落后的社会生产"转变到"不平衡不充分的发展"，暗示着我国社会生产力已经实现了一定程度的飞跃。党的十八大以来"绿水青山就是金山银山"的理论不断被学习和宣扬，体现着我们党坚定不移推进生态文明建设的态度和决心。因此，从科技发展角度而言，科技的生态学转向是对新时代主要矛盾的衔接和契合，也是对当前实践问题的积极应对。

二、科技伦理的生态转向维度

（一）主体角度：从"科技奴役人"到"科技为人服务"

当今全球进入了一个科学技术主导的时代，在很大程度上影响着人们的物质生活水平和思想观念的转变。与此同时，这也是科技异化问题凸显的时代，即人被科技所奴役。科技作为生产力的重要因素之一，内化于劳动过程和劳动产品之中，因此私有制下劳动的异化必然伴随技术异化现象的发生。技术异化最重要的后果就是人与科技的地位发生颠倒。一般来说，人类是科技的建构者和使用者，但由于技术异化现象，技术反过来成为人类的操控者。生活于现代技术世界的人们，在工具理性的指导下，价值观和道德感正在沦丧，一味追求技术高效率，全社会中充斥着金钱主义和利己主义。

科学技术异化问题的产生，从根本上讲是科技的最终旨归偏离了本身的轨道。人的全面发展是人类社会发展的最高目标，科学技术的最终旨归也应当是为人的自由全面发展而服务。显然，科技的二重性决定科技在促进人面发展的同时，也会成为奴役人的异己力量。唯有将科学技术置于社会道德规范和人性的控制之下，才能确保人的主体地位，避免成为科技的奴隶，进而实现人的全面发展。因此，实现科技伦理的生态转向，首先要明确人的主体地位，处理好人与自然之间的关系，克服人的异化倾向，避免成为科技发展进程中的奴隶。

（二）功能角度：从满足经济发展需要到满足生态发展需要

科学技术的功能是多方面的，体现在经济、政治和文化等方方面面。但是，由于社会不同阶段的主要矛盾不同，科技政策也会适当做出调整，最突出的社会功能也要随之发生转变。随着科学技术的发展，人们起初的物质方面等基本生存需要已经得到满足，按照需求层次来讲，人的需要应该向更高层次的方向发展。但是，由于资本逻辑和人性欲望的引导，人们将物质需要视为第一需要，以利用科学技术创造物质财富和满足自身欲望为目标，大肆索取和浪费自然资源，导致了人与自然关系的失衡。

中国特色社会主义进入新时代，我国主要矛盾的主要方面已经变成"不平衡不充分的发展"问题。其中，由于长时间发展经济而导致的生态问题就是党和政府关注的焦点。我们已经看到，片面发展经济会导致资源枯竭、环境污染，从根本上将不利于人类社会的长远发展，不利于社会进步和个人发展。单纯利用科学技术的经济功能，最终的结果就是在损害子孙后代长远利益的前提下，一部分人获取了短期的、眼前的利益。把握我国发展实际，当前科技政策的制定和科技功能的导向要与营造美丽的生态环境需要相契合。因此，要将科技的社会功能从经济层面转向生态层面。为实现人与自然协调发展，科技不仅要关注经济发展，更要考虑大自然的承载力，让自然界能够拥有自我修复和调节的空间。

（三）方向角度：从依赖科技去开发自然到保护自然

自人类进入工业时代以来，通过掌握和运用科学技术，力图达到对自然随心所欲地控制和开发。这种征服性的技术是高效率的，现代社会在如此短的时间内取得如此巨大的成就，离不开科技的推动力。但同时，现代技术还展现出高污染、高消耗的特征，造成了严重的生态失衡问题。为此，反科学主义者提出应回到简单质朴的生活时代，适微地运用科学技术，只有这样才能使地球免遭危害。我们知道，科技是一把双刃剑，有消极效果但也有积极作用。主张放弃科技的学者，显然是对科技整体的彻底否定。人类发展至今，已然不能离开科学技术而生活，最值得思考的应该是科技发展的方向。

如果对科技所产生的负效应置之不理，这种危害会愈演愈烈，我们应采取措施积极解决。如开发运用自然资源，但我们要侧重于研究生态系统的循环运用技术，既满足人类获取资源的需求，也适应自然发展的需要。事实已经证明，征服性的科技导致了全球生态系统的破坏，必须转变运用现代科技发展的方向。基于不正当使用科技而引发的系列生态问题的现状，必须从依靠技术随心所欲地开发自然转变到保护自然，坚持贯彻绿色科技发展战略，确保人类的永续发展。

三、科技伦理生态生成的基本原则

（一）主体性原则

科技作为人类生产实践活动的非实体性因素之一，其创造者、使用者和承担者都是人，因此，人的全面发展应该作为科技伦理转向生态学的最终旨归。所谓主体性原则，就是在研究和践行科技伦理的生态转向时，以人的长远发展为标尺，自觉地预测和关注科技可能会造成的生态伦理后果，尽可能降低科技对人的发展所产生的负效应。

当前谈论制约和影响社会发展与人的发展问题，必然会涉及生态环境与人的发展问题。人类自进入工业社会以来，通过掌握的科学技术力量已经造成了资源衰竭、环境污染、生态失衡等生态问题。不论是资本主义国家还是社会主义国家，已经深切地感受到科技革命条件下引发的生态危机对人的发展所带来的负面影响。另外，人的全面发展反过来可以促进科技伦理向更高层次的生态方向发展。科技满足了人们的生存需要，尽管在工具理性下存在贪欲和畸形发展的现象，但是在一定程度上促使人们对科技发展提出新的更高的要求，比如开始思考科技与生态的问题，在生产力发展的基础上创造绿色美好的家园。

毋庸置疑，当今时代是人才竞争最为激烈的时代，个人的发展能为科技的进步提供智力上的保障。人的全面发展与科学技术是一个相互作用的过程，树立和践行人的全面发展原则是生成生态学科技伦理的现实需要，也是促进人的全面发展的长远需要。

（二）责任性原则

科学技术是社会发展中最活跃的要素，与人类社会发展的命运息息相关。在后工业时期，科技实践活动的参与主体是多元化的，几乎人人都享受着科技带来的便利。因此，科技破坏性的影响也需要多元化的责任主体来承担。

首先，科技工作者是整个科技实践活动的发明者和创造者，科技伦理的生态转向要求科技工作者不仅要拥有丰富和广泛的科技知识，更要关注科技研发可能会产生什么样的生态后果。因为科技工作者往往可以比普通人更能预见到科技应用的可能前景和效果，尽力避免科技成果所带来的负效应。

其次，科技的运行离不开政府和科技管理人员的组织和协调。科学技术的运行和发展不能仅仅依靠个人的力量，而是需要庞大的组织、物质基础和丰富的社会资源作基础，甚至于科学技术的推广和应用需要全球多种力量的集合。政府和科技管理人员要鼓励发展绿色科技，通过政策和法律制度等引导有利于环境保护的科技发展，确保科技决策的最优化，促进人与自然之间的和谐统一。

最后，公众是科技产品的使用者和享受者，会参与到科技活动的应用环节。因此，公众也要自觉承担科技的社会责任和伦理责任。群众的选择对于科技发展的方向具有决定性的推动作用，而公众的科技伦理意识很大程度上影响其选择。总之，在推进生态文明建设的关键时期，每个人都不是科技生态转向活动的"局外人"，而是创造者和参与者。

（三）价值性原则

科技在促进社会发展的同时，引发了现代社会与传统社会在以价值观为核心的文化上的断裂，对当前的伦理道德规范构成了极大的挑战。传统社会的科技思维模式强调人与自然的分离，主张不断探索和寻求自然规律，进而掌握改变自然界的方法，实现"人化自然"。此时"真"成为科技发展的唯一追求，这种片面性的追求容易形成人与自然相对立的状态。当前生态文明建设，要求我们将科技理性灌输更多的人文关怀和道德关怀，重构科技理性的价值模式。很明显，当前科技发展已经偏离了"善"的轨道，信息技术、纳米技术与生命科技等新型技术在不同层次上影响着人们的生产生活方式，为人与社会的发展提供了巨大的可能性，但同时也使伦理道德建设面临一定的挑战。譬如，信息技术引发对于个人的隐私和信息保护问题，信息网络的开放性、共享性和全民性存在着诸多的缺陷，会出现人们的生活"被跟踪"、产权遭到"盗用"等问题。这些问题会对传统的伦理道德构成挑战，甚至引发社会冲突，亟需重构科技思维模式。同样，把握人与自然的关系，也需要唤醒科技理性中的生态价值，不能仅仅追求对自然界的认识和把握，还要关注自然界系统的动态平衡，实现人与自然的长远发展。

第二节 环境治理的技术方法

污水处理、大气净化是当今环境保护最核心的部分，治理废水和废气也是环境工作者最重要的工作内容，因此本节就以污水处理和大气净化、噪声控制为典型来介绍环境治理的一般方法。我们主要介绍两种方法：环境科学的方法与生态学的方法。

环境科学的方法是针对污染物的，即通过外力直接作用以去除污染物，这种方法具有针对性强、见效快的优点，被广泛应用于环境污染的治理当中。而针对后期的维持则须加入生态工程的方法，这样才能收到标本兼治的效果。

一、污水治理

随着河流污染的加剧，污水处理已成为当前环境保护面临的最重要工作之一。人类的生存发展与河流息息相关，河流对城市的形成和发展有着至关重要的意义。在人类文明形成初期，人类活动就在许多河流留下了烙印。河流区域是许多古代文明的发源地，如中华文明的发源地在黄河流域，古巴比伦文明的发源地在幼发拉底河流域，古埃及文明的发源地在尼罗河流域，等等。我国对河流的研究很早就已开始，我国很早就有了一部关于河流记录的著作《水经》。公元 6 世纪我国北魏时郦道元所著的《水经注》，更加详细地记载了我国河道水系的分布。

在当代，随着城市的发展，城市化进程的加快和人口的增长，城市加大了对河流的压力。较长时间以来，城市河流主要被看作水上交通、防洪泄洪和纳污排污的通道，于是大兴筑坝、分流、裁弯取直、堵塞岔流、用混凝土包起来的河道治理工程，导致城市河流污染严重，丧失了生命力，自我净化及自我恢复能力降低，更无景观效果可言，而早期污水都是不经处理直接排入河流的。随着人口的增加和工农业规模的扩大，污水的排放彻底破坏了河流自身的生态稳定，并使之失去降解污染物的能力，从而使得一条条河流变成了臭水沟。如欧洲的莱茵河，人类活动全面干预了整个河流，河岸湿地曾经遭到严重的破坏，河流本身的水质也受到严重的污染，河水变质，其流域及河流中的物种相继大量的灭绝；又如伦敦的泰晤士河，一度是世界著名的臭水河。如今，工业化程度较低的发展中国家，由于在谋求经济发展的同时没有保护好环境，也正重复着发达国家曾经发生过的悲剧，如上海的苏州河在 20 世纪初是一条水清质佳的河流，后来由于生活和工业污水的注入，变成了一条污染非常严重的河流，其水质甚至发出恶臭，严重影响了居民的生活，同时也影响了上海的形象。

污水治理的第一步是截污，即污水经过处理之后再向外排放。不根除污染的源头，无论做什么样的治理都是无用功。有两个主要的污水来源，一是生活污水，包括家庭的各项用水以及洗涤用水；二是工、农业生产所排放的污水。针对生活污水和工业用水，许多城市目前修建了排污管道，其污水不直接进入河流，而是通过污水管网进入污水处理厂，经过处理以后才排入河流。

常见的污水处理类型有固体污染物沉淀、有毒物质和氮磷的去除等。固体污染物的沉降主要去除污染水体中的固体物质，起到净化水体、增大透明度的作用，同时也去除污水中的重金属。一些污染物往往吸附着大量的重金属，这些重金属如果被排入河流沉入河底，就会持续不断地向水体中释放，造成河流污染且难以消除。一些病菌和化合物具有很强的毒性，进入河流会使河流中的生物直接中毒死亡，一般通过强氧化剂或一些特殊消毒设备对其进行处理。氮磷虽然无毒，却是河流富营养化的罪魁祸首，河水富营养化导致藻类的大爆发，从而在短时间内消耗大量氧气，致使水体内的其他物种由于缺氧而死亡，所引发的动物尸体的腐烂，会加剧水体变臭，因此去除氮磷也是污水处理的一项重要内容。

污水处理须达到某些定量化的理化指标，直接目标是防止水体发黑和发臭。污水处理可大致以人们的感官为直接标准，例如，上海市河道整治工程主要就是以消除河流的黑臭为目标。但是随着人类对于污染和河流本身认识的深入，人们发现河流的黑臭只是污染问题的表象，针对表象去处理问题，难免抓不住问题的关键，因而事倍功半。河流不只是一个简单的流动的水体，而是与河床、河岸带构成的一个整体的生态系统，河流内部与河岸总在进行着大量的物质交换和能量流动，倘若河流生态系统的健康无法维护，那么暂时消除了黑臭的水体也无济于事。只有很好维护了河流的生态系统健康，其黑臭才能得到有效控制。

在现代河流规划设计中，人们只注重河流的灌溉、泄洪、运输功能，因此，河道被拉宜，破坏了原来的水文特征，水的流速加快。沿河修筑石砌的堤岸，用混凝土"包"起来的河道治理工程，降低了河岸的渗透性，阻碍了整个河流生态系统的良性循环。在河流综合治理的过程中，经过多年河流治理经验的积累，人们开始将生态工程方法应用于河流治理并且取得了很大的进步。生态工程技术的应用包括了生态系统的恢复、保护、维持、重建、补救、改造等。在世界范围内的环境和水资源管理工程里，生态修复工程正在逐步成为一种主要的环境治理方法。虽然河流治理的生态工程应用已经取得了很大的成就，但是面对复杂的环境问题，人们还是有许多问题需要解决。

生态工程的治理措施比较复杂。一般来说，第一步是河岸的软化，去除硬质水泥护岸，代之以可渗透的软质护岸，使河流与陆地生态系统被阻隔的水分交换得以畅通。另外，针对岸边消落区（最高和最低水位之间的水位变化区），应用木制栅栏进行固岸，可以保护消落区不至于因水流及波浪冲刷而被破坏，同时它所形成的"多孔隙"空间又可为水生动物提供栖息场所，使得水系成为自循环的、有生命活力的水生生态系统。第二步是水质的综合管理，即通过截污、漂浮植物圈养回收法和沉水植物种植法，拦截与控制污染物质的输入，通过对植物的回收、移出而达到去除污染物质的目的和减少人工水体内污染物数量的目的，通过曝气充氧来增加水体的溶氧量。第三步则是水生生态系统的培植，首先是水生植物的培植，根据河流水质的情况，植入水生植物，放入一些底栖动物，和一些鱼类，由此构建一个完整的生物链，在河流开放流动的情况下，合理控制人为的压力，河流便能够保持自循环，有效去除氮磷，避免水体的富营养化，达到对河流的综合治理。这样，不仅可消除黑臭，也可增加河流的景观效应，创造更宜居的环境。

整体来说，由于工业污水和生活污水的量很大，因此单靠食物链来移出污染物是难以做到的，因此前期的水质还需要用环境工程方法加以处理。水生生态系统的培植是有条件的，如水的透明度达到一定的标准才可以种植水生植物。环境工程的方法一般偏重于治理，而生态工程的方法更多地用于维护和预防。然而从更为广阔的视野来看，整个社会多数人对河流认识的转变才是解决河流治理问题的根本。是把河流仅仅看作泄洪排污的管道，还是看作有生命的有机体？是把河流仅仅当作一种可以利用的物质财富，还是当作整个人类生活不可或缺的生态系统？人们对河流的认识程度会深深影响对河流的态度和规划。如果人们把河流只看作供人类取水和纳污的无生命的东西，便难以积极主动地保护河流。如果人们把河流看作人类所深深依赖的、活的生态系统，那么就会按生态学的指引去保护河流。

如今，人们已逐渐认识到农业生产污水对水体的严重污染。现代农业生产大量地使用化肥，化肥最终会以溶解盐的形式进入附近的江河湖泊，导致水体富营养化等污染后果，如滇池污染的很大一个来源就是大量使用的化肥。农业污染有其独特性，被称为面源污染，而生活污水和工业污水则被称为点源污染。因为农业化肥是通过地下水渗透进入江河湖泊而造成污染的，因此治理难度很大。目前的主要治理方式是，先收集农业污染渗透水，然后再进行集中处理。这是成本高且效率低的办法。只有更全面地规划农业开发，使用有机肥，发展生态农业，才是治理农业面源污染的根本办法。

二、大气治理

"随着现代社会不断发展进步，各类污染问题也随之而来，其中大气污染就是目前人们需要着重关注的问题。大气污染不仅会影响人们的健康，还会影响整个社会的正常生活和生产劳动。"[①]

---

① 李劲松. 城市大气污染成因及其防治措施分析 [J]. 科技创新导报, 2019, 16 (29)：108.

（一）典型大气污染

1. 煤烟型污染

由煤炭燃烧排放出的烟尘、二氧化硫等一次污染物，以及再由这些污染物发生化学反应而生成二次污染物所构成的污染叫作煤烟型污染。此污染类型多发生在以燃煤为主要能源的国家与地区，历史上早期的大气污染多属于此种类型。

我国的大气污染以煤烟型污染为主，主要的污染物是烟尘和二氧化硫。此外，还有碳氧化物和一氧化碳等。这些污染物主要通过呼吸道进入人体内，不经过肝脏的解毒作用，直接由血液运输到全身。

2. 石油型污染

石油型污染的污染物来自石油化工产品，如汽车排气排放物、油田及石油化工厂的排放物。这些污染物在阳光照射下发生光化学反应，并形成光化学烟雾。石油型污染的一次污染物是烯烃、二氧化氮以及烷、醇、羰基化合物等，二次污染物主要是臭氧、氢氧基、过氧氢基等自由基，以及醛、酮和过氧乙酰硝酸酯。

此类污染多发生在油田及石油化工企业和汽车较多的大城市，近代的大气污染，尤其在发达国家和地区一般属于此种类型。我国部分城市随着汽车数量的增多，也开始出现石油型污染的趋势。

3. 复合型污染

复合型污染是指以煤炭为主，还包括以石油为燃料的污染源排放出的污染物体系。此种污染类型是由煤炭型向石油型过渡的阶段，它取决于一个国家的能源发展结构和经济发展速度。

4. 特殊型污染

特殊型污染是指某些工矿企业排放的特殊气体所造成的污染，如氯气、金属蒸气或硫化氢等气体。

前三种污染类型造成的污染范围较大，而第四种污染所涉及的范围较小，主要发生在污染源附近的局部地区。

目前，我国大气污染状况十分严重，主要呈现为煤烟型污染特征。城市大气环境中总悬浮颗粒物浓度普遍超标；二氧化硫污染保持在较高水平；机动车排气排放物污染物排放总量迅速增加；氮氧化物污染呈加重趋势；全国形成华中、西南、华东、华南多个酸雨区，以华中酸雨区为重。

（二）大气污染的防治

1. 烟尘治理技术

（1）除尘装置分类。

根据除尘原理的不同，除尘装置一般可分为以下几大类：

机械式除尘器包括重力沉降室、旋风除尘器、惯性除尘器和机械能除尘器。这类除尘器的特点是结构简单、造价低、维护方便，但除尘效率不高，往往用作多级除尘系统的预除尘。

洗涤式除尘器包括喷淋洗涤器、文丘里洗涤器、水膜除尘器、自激式除尘器。这类除尘器的主要特点是主要用水作为除尘的介质。一般来说，湿式除尘器的除尘效率高，但采用文丘里除尘器时，对微细粉尘的除尘效率仍为95%以上，但所消耗的能量也高。湿式除尘器的缺点是会产生污水，需要进行处理，以消除二次污染。

过滤式除尘器包括袋式除尘器和颗粒层除尘器，其特点是以过滤机理作为除尘的主要机理。根据选用的滤料和设计参数的不同，袋式除尘器的效率可达到99.9%以上。

电除尘器用电力作为捕集机理，有干式电除尘器（干法清灰）和湿式电除尘器（湿法清灰）之分。这类除尘器的特点是除尘效率高（特别是湿式电除尘器）、消耗动力小，主要缺点是钢材消耗多、投资高。

在实际除尘器中，往往综合了各种除尘机理的共同作用。例如，卧式旋风除尘器，有离心力的作用，同时还兼有冲击和洗涤的作用，特别是近年来提高除尘器的效率，研制了多种多机理的除尘器，如用静电强化的除尘器等。因此，以上分类是有条件的，是指其中起主要作用的除尘机理。

（2）除尘器的选择。

选择除尘器时，必须在技术上能满足工业生产和环境保护对气体含尘的要求，在经济上是可行的，同时还要结合气体和颗粒物的特征及运行条件，进行全面考虑。例如：黏性大的粉尘容易黏结在除尘器表面，不宜采用干法除尘；纤维和憎水性粉尘不宜采用袋式除尘器；如果烟气中同时含有 SO_2、NO，等气体污染物，可考虑采用湿法除尘，但是必须注意腐蚀问题；含尘气体浓度高时，在电除尘器和袋式除尘器前应设置低阻力的预净化装置，以去除粗大尘粒，从而提高袋式除尘器的过滤速度，避免电除尘器产生电晕闭塞。一般来说，为减少喉管磨损和喷嘴堵塞，对文丘里、喷淋塔等湿式除尘器，入口含尘浓度在 $10g/m^3$ 为宜，袋式除尘器入口含尘浓度在 $0.2\sim20g/m^3$ 为宜，电除尘器在 $30g/m^3$ 为宜。此外，不同除尘器对不同粒径粉尘的除尘效率也是完全不同的，在选择除尘器时，还必须了解欲捕集粉尘的粒径分布情况，在根据除尘器的分级除尘效率和除尘要求选择适当的除尘器。

2. 气态污染物的治理技术

用于气态污染物处理的技术有吸收法、吸附法、冷凝法、催化转化法、直接燃烧法、膜分离法以及生物法等。其中，吸收法和吸附法是应用最多的两种气态污染物的去除方法。

吸收法是利用气体在液体中溶解度不同的这一现象，以分离和净化气体混合物的一种技术，例如，从工业废气中去除二氧化硫、氮氧化物、硫化氢以及氟化氢等有害气体。

吸附法是一种固体表面现象。它是利用多孔性固体吸附剂处理气态污染物，使其中的一种或几种组分在分子引力或化学键力的作用下，被吸附在固体表面，从而达到分离的目的。常用的固体吸附剂有骨炭、硅胶、矾土、沸石、焦炭和活性炭等，其中应用最为广泛的是活性炭。

三、噪声污染

声音是由物体振动产生的，是充满自然界和人类社会的一种物理现象。自然界的风声、雨声、鸟语、蝉鸣，不仅谱写了动听的自然乐章，也为我们传播认识和研究自然现象、自然规律的信息；人类社会中，人们通过声音传播信息、表达思想感情。声音是与我们密不可分的自然、社会环境。

人类生活在一个声音的环境中，随着人类生产、生活的发展，人们生存的环境中除了有一些为我们提供信息、传播感情的声音外，还出现了一些过响的、影响人们正常生活的、令人不愉快的声音，有些声音甚至会给人类带来危害。例如震耳欲聋的机器声、呼啸飞过的飞机、高速行驶的列车等。这些杂乱无章的、过响的、妨碍人休息、影响人思考、令人不愉快的声音就是噪声。噪声也可以认为是人们不需要的声音。

（一）噪声的声源及分类

声音是由物体振动而产生的，把振动的固体、液体和气体通称为声源。所以声源就是向外辐射声音的振动物体。

噪声可分为自然噪声和人为噪声。人为环境噪声，按照污染来源种类不同可分为以下种类：

1. 工业噪声

工业噪声主要包括工厂、车间的各种机械运转产生的噪声。工业噪声是造成职业性耳聋的主要原因，也给周围居民带来一定的危害。工业噪声源是固定不变的，一般局限在一定范围内，污染范围比交通噪声小得多，防治措施相对容易。

2. 交通噪声

交通运输引起的噪声，对城市生活环境干扰最大，城市环境噪声的 70% 来自交通噪声，主要来自喇叭声、发动机声、进气声和排气声、启动和制动声、轮胎与地面的摩擦声等。交通噪声是活动的噪声源，对环境的影响范围极大。

3. 建筑施工噪声

建筑施工噪声包括打桩机、混凝土搅拌机、挖掘机、推土机等产生的噪声。由于建筑工地现场多在居民区，对周围居民影响很大，尤其是夜间施工，严重影响居民休息，随着城市建设的发展，建筑工地产生的噪声影响越来越广泛。但建筑施工噪声是暂时性的，随着建筑施工结束停止，其噪声也会终止。

4. 社会生活噪声

社会生活噪声是由于社会活动、使用家庭机械和电器而产生的噪声，如娱乐场所、商业中心、运动场所、高音喇叭、家用电器设备等。一般情况下，社会生活产生的噪声在 80dB（A）以下，干扰人们学习、工作和休息，对身体没有直接危害。但超过 100dB，尤其是爆破及有些打击乐声响达 120dB 以上，处于这种环境下人体健康会遭受伤害。

（二）噪声的控制

噪声在传播过程中有三个要素：声源、传播介质、接受者。控制噪音的措施可以针对上述三个部分或其中任何一个部分。

1. 声源的控制

防治噪声首先要控制噪声声源，这是减弱或消除噪声的基本方法和最有效手段，控制声源的方法如下：

（1）改进机械设计。主要包括：①选用发声较小的材料，如用减振合金等；②选用发声较小的结构形式，如将风机叶片由直形改成弯形；③选用发声较小的传动形式，如用皮带代替齿轮传动。

（2）改进生产工艺。主要包括：①用液压代替冲压；②焊接代替铆焊；③斜齿轮代替直齿轮。

（3）提高加工精度和装配质量。如果将轴承滚珠加工精度提高一级，则轴承噪声可降低 10dB（A）。

（4）加强行政管理。如在居民区附近使用的建筑施工机械设备，夜间必须停止操作；市区内汽车限速行驶、禁鸣喇叭等。

2. 传播介质

（1）吸声。由于室内声源发射出的声波将被墙面、地面及其他物体表面多次反射，使得室内声源的噪声比其他地方更高。如果用吸声材料装饰室内表面，或在室内悬挂吸声物体，屋内反射的声波就会被吸收，室内噪声也就得到了有效降低，这种控制噪声的方法叫作吸声。

常用的吸声材料多是一些多孔透气的材料，如塑料泡沫、毛毡、玻璃棉、矿渣棉等。当声波进入这些多孔材料中时，引起材料的细孔或狭缝中的空气振动，使一部分声能由于细孔的摩擦和黏滞阻力转化为热能而被损失掉。

多孔材料的吸声系数随声频率的增高而增大，所以多孔材料对高频噪声吸声效果较好，对低频噪声不是很有效。

（2）隔声。隔声是指声波在空气中传播时，一般用各种易吸收能量的物质消耗声波的能量，使声能在传播途径中受到阻挡而不能直接通过的措施。在噪声源和接收者之间设置屏障，利用隔声材料和隔声结构可以阻挡声能的传播，把声源产生的噪声限制在局部范围内，或在噪声的环境中隔离出相对安静的场所。

（3）改变方向。利用声源的指向性（方向不同，声级不同），将噪声源指向无人的地方。如高压锅炉的排气口朝向天空，比朝向居民区可降低噪声10dB（A）。

（4）闹静分开，增大距离。利用噪声自然衰减作用，将声源布置在离学习、休息场所较远的地方。

3. 接受者

在声源和传播途径上无法采取措施，或采取的声学措施仍不能达到预期效果时，就需要对受音者或受音器官采取防护措施，如长期职业性噪音暴露的工人可以戴耳塞、耳罩或头盔等护耳器。

第四章　生态文明社会的建设途径探索

第一节　生态文明的生产方式

一、生态经济

(一) 生态经济的概念

生态经济，又称为循环经济，是指借鉴自然生态系统物质循环和能量流动规律而重构的经济系统，就是按照生态学原理、市场经济理论和系统工程方法，将经济系统和谐地纳入生态系统的物质循环过程中，实现经济活动的生态化以及自然—经济—社会复合系统协调发展的现代经济体系。这是以产品清洁生产、资源循环利用、废物高效再生为特征的高级生态经济形态。

采用线性模式开发和利用不可再生资源是不可持续的，而以资源再生为特征的循环生产模式才是可持续的，它能够为人类不可再生资源的利用提供无限的可能性，同时，还可以大大减少污染，改善生态环境。

在本质上，生态经济是生态和经济并重、双赢的经济形式，而不仅仅以其中之一为目标。生态经济实际上可以认为是追求帕雷托改进的经济，在同等的经济收益的经济形态中，我们选择生态经济就可以得到良好的环境。同理，在同等生态环境质量下，经济收益大的经济形式应该被采用。

(二) 生态经济的优势

与传统经济模式相比，循环经济具有三大优势。

1. 低耗、高效的资源利用方式

循环经济的发展模式遵循三个准则，即"减量化"准则（Reduce），以资源投入最小化为目标；"资源化"准则（Reuse），以废物利用最大化为目标；"再循环"准则（Recycle）以污染排放最小化为目标。它要求把经济活动组织成一个"资源—产品—再生资源"的循环式流程，其特征是低投入、低消耗、低排放、高效益。所有的物质和能源要能在这个不断进行的经济循环中得到合理和持久的利用，以把经济活动对自然环境的影响降低到尽可能小的程度。

传统经济是一种由"资源—产品—污染排放"单向流动的线性经济，其特征是高投入、低效益、高能耗、高排放。这样发展的结果是，生产活动不停止，资源消耗不终结，对自然的破坏越来越严重。

2. 社会、经济和环境系统共赢的发展模式

循环经济以协调人与自然的关系为准则，模拟自然生态系统运行方式和规律，实现资源的可持续利用，使社会生产从数量型的物质增长转变为质量型的服务增长；同时，循环经济还拉长生产链，推动环保产业和其他新型产业的发展，增加就业机会，促进社会发展。

传统经济通过把资源持续不断地变成废物来实现经济增长，忽视了经济结构内部各产业之间的有机联系和共生关系，忽视了社会经济系统与自然生态系统间的物质循环、能量流动和信息传递规律，导致自然资源的短缺与枯竭，造成社会经济、人类健康的重大损害。

3. 生产和消费有机结合的经济系统

传统经济的发展方式将物质生产和消费割裂开来，形成大量生产、大量消费和大量废弃的恶性循环。而循环经济则要求将生产（包括资源消耗）和消费（包括废物排放）这两个最重要的环节有机地联系起来。具体方式包括清洁生产、资源循环利用、建立共生的企业生态网络、建立废物回收和再利用系统等。

发展循环经济是实现社会与经济全面、协调和可持续发展，迈向生态文明的必由之路。循环经济充分体现了生态文明的自然观、伦理观和可持续发展思想，所以，循环经济与生态文明的内涵是统一的。循环经济的实施可以为生态文明的实现提供经济和物质基础，是生态文明构建的重要内容。

二、生态工业

（一）生态工业的产生与发展

长期以来，世界各国的工业界对防治工业污染普遍采取一种消极和抵制的态度。但是，自20世纪90年代以来，由于工业生产与发展正在发生深刻的变革，使不少国家工业界的态度发生了重大变化：一方面，他们看到工业污染既破坏自然资源，又损害人体健康，从而危及人类的生存和工业发展的生态基础；另一方面，认识到工业污染对生态环境质量的损害，不仅严重影响企业的名声，损害了企业的社会形象，而且不利于市场竞争，

成为影响企业生存和工业发展的一个重要制约条件。因此，在绿色运动和市场竞争的压力下，使人们对单纯追求利润、忽视生态环境保护的传统企业经营思想和传统工业发展模式产生了怀疑。为了树立企业的良好形象，增强企业的竞争力，近年来发达国家兴起一股企业环保热，变革传统工业发展模式，使工业朝着生态化的方向发展。

工业生态学是一门研究社会生产活动中，自然资源从源、流到汇的全代谢过程、组织管理体系以及生产、消费、调控行为的动力学机制、控制论方法及其与生命支持系统相互关系的学科。工业生态学最主要的理论，是将工业体系仿照自然生态系统，规划、建设成为生产者、消费者和分解者以及外部条件。它将工业系统作为生态系统的一种特例。因为在本质上，不论是生态系统还是工业系统，都表现为物质能量以及信息的流动与储存，是一种代谢过程。因此，把生态系统的含义从自然推及人工系统，将工业体系视为工业生态系统，是生态系统的一个子系统，是一个合理的类比和推论。

所谓生态工业就是以生态理论为指导，从生态系统的承载能力出发，模拟自然生态系统各个组成部分（生产者、消费者、还原者）的功能，充分利用不同企业、产业、项目或工艺流程等之间，资源、主副产品或废弃物的横向耦合、纵向闭合、上下衔接、协同共生的相互关系，依据加环增值、增效或减耗和生产链延长增值原理，运用现代化的工业技术、信息技术和经济措施优化配置组合，建立一个物质和能量多层利用、良性循环且转化效率高、经济效益与生态效益双赢的工业链网结构，从而实现可持续发展的产业。

生态工业的三个基本原则是减少资源的用量、循环使用资源、废弃资源重新利用。由于自然资源相对有限，因此工业生产中首先要解决的问题是提高生产效率，降低资源的使用量，减少浪费。生态工业的最高目标是使所有物质都能循环利用，而向环境中排放的污染物极小，甚至为零排放。

（二）生态工业与传统工业的对比

1. 追求目标不同

传统工业把生产产品、销售产品作为获取利润的手段，因此属于典型的"产品经济"，它主要致力于生产和销售产品实体而相对忽视提供功能和服务，高度重视交换价值而相对忽视使用价值，片面追求经济效益而忽略生态效益。与此相反，生态工业倡导的是"功能经济"，即鼓励消费者购买产品的服务功能而不是购买产品本身，强化企业对社会的服务功能。企业既要重视产品的交换价值更要重视其使用价值，在追求经济效益的同时更看重生态效益、环境保护和工业的可持续发展。

2. 系统构成不同

传统工业由采掘业和加工业（包括冶炼业、制造业）两大部门所组成。前者主要开采不可更新资源（化石能源和其他矿产），为加工业提供所需要的原料和初级能源产品。加工业则将采掘业提供的原料和初级能源产品进行多层次的加工，为各行各业以及家庭消费者提供各种各样的消费品。生态工业系统模拟自然生态系统，由资源生产、加工生产、还原生产三大部门组成。整个工业生态链高效、良性循环，做到工业发展与生态环境协同进化。

3. 资源开发利用方式不同

传统工业在经济效益最大化、目标行为短期化的驱动下，一般将垃圾及其他废弃物视为无用的、等待处置的物品，许多来源于自然环境的原材料经过一次生产过程后就变成了废物排放到环境中，打破了自然界的物质平衡：一方面，从自然界获取太多，造成自然资源枯竭；另一方面，又将大量废物排放到环境中，破坏环境容量和自净功能，造成生态系统失去平衡甚至退化。因此，在资源开发利用方面表现为明显的"三高"即高开采、高耗费、高排放特征。生态工业则从经济效益和生态效益兼顾的目标出发，依据生态学的基本原理，指导资源的综合开发和利用，每一个生态工业园区内各种工矿企业相互依存，形成共生的网状生态工业链，达到资源的集约利用和循环使用。

4. 对技术、产品的要求不同

传统工业对工艺技术和产品只强调经济效益，只要是有助于降低成本、提高效率，增加企业经济效益的工艺技术一律引进吸收；只要是市场所需的工业产品一律放行。而生态工业更强调经济效益和生态效益有机结合，在技术引进和产品生产方面不仅有技术、市场和经济的严格要求，而且还有生态环境保护的限制。只有那些对生态环境不具有较大危害性，而且符合市场原则的工艺技术和产品才能引进和生产，并进入流通领域。

5. 产业结构和布局不同

传统工业过分强调工业的专业化、区域化，企业产品单一化，生产周期过分追求规模经济效益，而且是区际封闭式发展，系统内部是一些相互不发生关系的线性物质流的叠加，由此造成出入系统的物质流远远大于内部相互交流的物质流，最终导致各地产业结构趋同、产业布局集中、同类工矿企业林立，造成当地生态环境系统超载，资源过度开采和浪费严重，工业废弃物大量、集中排放，环境污染严重，如各种矿区等。生态工业强调系统的开放性和相对封闭性，不仅系统要经常引进和吸收周围环境的先进技术、人才、新材料、新能源等，而且系统内的人流、物流、价值流、信息流和能量流应该在整个工业生态系统中按照多种工艺路线合理流动，以互联的方式进行物质能量转换，这就要求，既要遵循生态系统的有限性原则合理开采可再生资源，以确保资源的自然恢复和再生，同时也应充分利用共生原理和生产链延长增值原理、生产链加环增值、增效或减耗原理、能量多级利用和物质循环原理，集聚多个不同种类的相关工业企业，通过不同生态工艺之间、产品与资源之间、废弃物与资源的耦合关系，尽量延伸工业产业加工链，最大限度地开发和利用各种资源和主副产品，减少废弃物向环境的排放，既获得产品最大限度增值，又保护了生态和环境，实现了工业产品"摇篮—坟墓—摇篮"的良性循环，产业结构多元化，产业布局多样化。

（三）建设生态工业园区

生态工业园是指以工业生态学及循环经济理论为指导的，生产发展、资源利用和环境保护形成良性循环的工业园区建设模式，是一个能最大限度地发挥人的积极性和创造力的高效、稳定、协调、可持续发展的人工复合生态系统。它是高新技术开发区的升级和发展趋势，体现了新型工业化特征及可持续发展战略的要求。

较之于传统工业园，生态工业园具有迥然不同的特点。①组织方式：生态工业园通过园区工业系统内物质封闭循环、物质减量化和能源脱碳等方法实现了生态重组，而传统工业园只是在一定空间内单个企业的简单叠加。②合作动力：生态工业园成员间的合作动力源于园区的经济、社会和环境效益，通过废物的交换、信息的交流、管理的配合实现了企业间经济、社会与自然环境之间的良性互动。而传统工业园只是因为吸聚作用将成员"集聚"起来，其合作动力源于集聚经济效益，难以从根本上实现社会效益与环境效益的共同增进。③运转机制：生态工业园以生态系统食物链、食物网方式来支持其网络流动，每一成员均是网络的节点，物质、能量、信息在各节点之间按照一定的经济和生态规则流动，可实现互惠互利、共生共荣。而传统工业园不能实现网络流动。

虚拟型园区是利用现代信息技术和交通运输技术，在计算机上建立成员间的物、能交换联系，然后再在现实中通过供需合同加以实施，这样园区内企业可以和园区外企业发生联系。如美国的 Brownsville 生态工业园区，引入热电站和废油、废溶剂回收厂等，来担当该园区生态工业网的"补网"角色。其优势在于，由于虚拟型园区不要求其成员企业集中在某个固定的区域，这可以省去一般建园所需昂贵的购地和搬迁等费用，避免建立复杂的园区管道等网络系统，并且可以根据市场变化灵活选择合作伙伴，减少市场风险的冲击。它的缺点就是企业有可能承担较昂贵的运输费用。

三、生态农业

（一）生态农业的概念

"生态农业"（Ecoagriculture）是由美国土壤学家阿尔布雷奇（Albreche W）于1970年提出来的，1981年美国农学家沃兴顿（Worthington M）将其定义为：生态上能够自我维持，低投入，经济上有生命力，在环境、伦理和审美方面可接受的小型农业。欧盟则认为生态农业是通过使用有机肥料和适当的耕作与养殖措施，以达到提高土壤长效肥力的系数，可以使用有限的矿物质，但不允许使用化学肥料、农药、除草剂或基因工程技术的农业生产体系。

中国 1981 年首次提出的生态农业概念是：遵照有机农业生产标准，在生产中不采用基因工程获得的生物及其产物，不使用化学合成的农药、化肥、生长调节剂、饲料添加剂等物质，遵循自然规律和生态学原理，能够实现持续稳定的农业生产过程。它的理念和宗旨是：在洁净土地上，用洁净的生产方式生产洁净的食品，以提高人们的健康水平，协调经济发展与环境之间、资源利用与保护之间的关系，形成生态和经济的良性循环，实现农业的可持续发展。这种生态农业既继承了传统农业中资源可持续利用、环境保护和"机械农业"高产高效的双重特点，同时又摒弃了传统农业生产方式单一、生产力水平低下和资源消耗量大、污染环境的缺点，是一种避免环境退化、技术上适宜、经济上可行的现代农业发展的捷径，代表了未来农业经济发展的方向。

（二）生态农业的优势

生态农业的生产结构是农林牧副渔各业合理结合，使初级生产者农作物的产物能沿食物链的各个营养级进行多层次利用，以更有效地发挥各种资源的经济效益，维护良好的生态平衡，使资源得到持续利用，提高农业生态系统的生产率，基本上可以达到在最大限度保护土地资源、水资源和能源的基础上，获取高产的目的。

生态农业强调施用有机肥和豆科植物轮作，化肥只作为辅助性肥料；强调利用生物控制技术和综合控制技术防治农作物病虫害，尽量不使用化学农药。这些基本措施大大减少了化肥和农药污染，有助于保护生态环境，实现无废物、无污染生产，达到少投入、多产出的目的，实现经济、社会、环境的综合效益。

（三）生态农业的典范

1. 菲律宾马雅农场

菲律宾的马雅农场（Maya Farms）被视为生态农业的一个典范。它把农田、林地、畜牧场、鱼塘、加工厂和沼气池巧妙地联结成一个有机整体，使能源和物质得到充分利用，把整个农场建成了一个高效、和谐的农业生态系统。在这个系统中，农作物和林木初级生产的有机物经过三次重复利用，通过两个途径完成物质循环。用农作物废弃物、杂草和枝叶喂养牲畜，是对营养物质的第一次利用；用牲畜粪便和肉食加工厂的废水生产沼气，是对营养物质的第二次利用；沼气厂废液经过氧化塘处理，被用来养鱼、灌溉，用沼渣生产的肥料肥田、生产的饲料喂养牲畜，是对营养物质的第三次利用。农作物→秸秆、枝叶→牲畜→粪便→沼气池→废渣→肥料→农作物，构成第一个物质循环途径；牲畜→粪便→沼气池→废渣→饲料→牲畜，构成第二个物质循环途径。1983年后，沼气厂生产的沼气可完全满足农场的能源需求。这种巧妙安排，使生物能获得最充分的利用，而且肥料可以还田，又不向环境排放废弃物，控制了庄稼秸秆、人畜粪便对环境的污染。可以说马雅农场完全实现了能源和资源的综合利用，以及物质和能量的闭路循环。

2. 中国广东桑基鱼塘

桑基鱼塘是广东省珠江三角洲一种独具地方特色的农业生产形式，是明清时期中国水乡人民在土地利用方面的一种创造，也是中国建立合理的人工生态农业的开端。它既能合理利用水利和土地资源，又能合理地利用动植物资源，在生产上形成良性的循环，不论在生态上，还是在经济上都取得了很高的效益，赢得了世界的瞩目。

珠江三角洲地处北回归线以南，全年气候温和，雨量充沛，日照时间长，土壤肥沃，是盛产蚕桑、塘鱼、甘蔗的重要基地。三角洲内河网密布，交通便利，自然条件优越。由于珠江三角洲地势低洼，常闹洪涝灾害，严重威胁着人民的生活和生产活动，当地人民根据地区特点，因地制宜地在一些低洼的地方挖深为塘，饲养淡水鱼；将泥土堆砌在鱼塘四周成塘基，可减轻水患，可谓一举两得。后来，随着农业生产的发展和市场经济的影响，出现了"果基鱼塘"和"桑基鱼塘"。"桑基鱼塘"是将低洼地挖深变成水塘，用来养鱼，挖出的泥堆放在水塘的四周为地基，基和塘的比例为六比四，六分为基，四分为塘。堆土筑基，填高地势，可相对降低地下水位，从而可在基上种植桑树。"桑基鱼塘"的生产方式是：蚕沙喂鱼，塘泥肥桑，栽桑、养蚕、养鱼三者有机结合，形成桑、蚕、鱼、泥互相依存、互相帮促进的良性循环，避免了洼地水涝之憋，营造了十分理想的生态环境，收到了理想的经济效益，同时减少了环境污染。

3. 中国北方"四位一体"庭院生态农业模式

"四位一体"庭院生态农业模式是中国北方生态农业发展中形成的最为成功的典型生态模式。其主要是把猪圈和沼气池建在生产蔬菜的日光温室中，既解决了沼气池越冬问题，又可为生猪补充能量，为温室增温，为蔬菜提供优质有机肥。受气候影响，北方冬季风大、气温低，温室大棚需大量能源供暖，生产成本相当高。通过再生能源（沼气）、保护地栽培（大棚蔬菜）、日光温室养猪及厕所等因子的合理配置，形成以太阳能、沼气为能源，以人畜粪尿为肥源，种植业、养殖业相结合，能流、物流良性循环，资源高效利用，综合效益明显的生态农业模式。利用庭院有限的土地和空间，生产无公害绿色食品，同时解决了秸秆利用问题，减少农村环境污染。该模式充分利用了太阳能、沼气能和动物热能；充分利用了土地、时间、饲料等，是实现资源共享、经济与资源利用效率最大化的生态农业模式。运用这种模式，温室内的喜温果菜正常生长，棚内畜禽饲养、沼气发酵安全可靠。

"四位一体"生态农业模式结构简单易于建设，以庭院为基础管理方便。中国北方大部分区域因受自然条件和社会经济条件等的制约，目前实现大规模集约化经营尚不可能，这就为庭院经济的充分发展创造了良好的空间。"四位一体"恰好满足了这一发展需求。它结构简单，各项建筑工艺成熟，建设场地易于选择，施工难度不大，投资规模较小，大多可就近建设在农户庭院内或其附近，因此易于管理。以庭院为基础，充分利用空间，搞地下、地上、空中立体生产，提高了土地的利用率。同时由于"四位一体"生态农业模式劳动强度适中，劳动周期较长，家庭妇女、闲散劳动力都能干，尤其是在北方冬季大多需要卷帘、监测温度和湿度、人工授粉等，于是就充分利用了冬闲时的劳动力，有效遏制了剩余劳动力的盲目外流，有利于开发农村劳动力资源，提高农民素质。该模式是技术性很强的农业综合型生产方式，是改革传统农业生产模式、实现农业由单一粮食生产向综合及多种经营方向转化的有效的途径。

四、生态旅游

"生态旅游"这一术语，最早是由世界自然保护联盟（IUCN）于1983年提出的。1993年国际生态旅游协会把具有保护自然环境和维护地方人民利益的双重责任的旅游活动定义为生态旅游。生态旅游的内涵更强调对自然景观的保护，生态旅游是可持续发展的旅游。近年来我国也在大力开展生态旅游，于是这一名称也逐渐为国人所熟知。

在当代，随着工业化、城市化进程的日益加快，许多自然景观快速地被城市所淘汰。人们长期居住在钢筋混凝土中又会感到压抑，从而渴望能够重新走进自然的怀抱，亲近自然、体验自然，因此主观上有着强烈地欣赏自然风光的愿望。当代经济的高速发展也使越来越多的人有了自己的闲暇时间，故而有了旅游的需要。在传统旅游中，游客没有什么环保意识，他们到了旅游地，往往随意破坏，如乱扔垃圾、攀折花草、捕捉野生动物等，一些旅游景点仅由于游客大量扔弃的塑料袋就严重破坏了当地的景观，直接影响了旅游观光业的发展。当然，观光地也只关注旅游所带来的经济利益，为了能接待更多的游客，就大兴土木，破坏自然风光。更为严重的是，在开发旅游产业时，许多地方仅仅考虑游客的消费需要，对当地资源过度开发，甚至导致了一些珍贵动植物物种濒临灭绝。许多旅游地在发展服务业时忽视了资源的有效保护，于是，一些清澈的河流最终被污染成了黑臭的水沟。这些急功近利的做法不仅对旅游地的生态造成了严重的破坏，也直接影响了旅游业的可持续发展。

发展生态旅游的终极目标是保护旅游资源的可再生和可持续，"可持续发展"是判断生态旅游的重要标准，这在国内外的旅游研究者中已经达成了共识。按照可持续发展的含义，生态旅游的可持续发展可以概括为，以可持续的方式管理旅游资源，保证旅游地的经济、社会、生态效益的可持续发展，在满足当代人开展生态旅游的同时，不影响后代人满足其对生态旅游需要的能力。具体而言，生态旅游的可持续发展表现为维护旅游地自然生态的可持续发展。对自然生态系统的保护是生态旅游可持续发展的重要内容。生态旅游系统主要由生物环境和非生物环境两大部分组成。生物环境就是生态系统内的生物群落，包括各种动植物、微生物；非生物环境包括阳光、空气、水、土壤和无机物等。它们的完美结合构建了一个丰富多彩的相对稳定的自然景观，成为生态旅游的主要资源。自然生态系统容不得任何耗竭性的消费，因此，无论是经营开发者、管理决策者，还是旅游者，对保护自然生态都有不可推卸的责任。对生态环境的保护是对自然生态系统的正常发展、循环稳定的维护，同时也是对人类与自然和谐相处系统的维护，包括对地方文化的尊重。尊重与保护旅游对象的责任是生态旅游可持续发展的重要内涵。

此外，生态旅游包含着促进旅游地可持续发展的目的。促进旅游地经济社会可持续发展是开展生态旅游的重要目的，具体表现在旅游地居民个体层次和旅游地社会、经济、文化整体层次两个层次上。旅游地居民是旅游地社会文化的主要组成部分，拥有维护自身良好发展的权利，因此，开展生态旅游必须让旅游地居民直接参与到管理和服务中去。在经济方面，这样的参与可使他们获得丰厚的回报。在社会方面，旅游业的发展与渗透会使旅游地居民开阔眼界，提高素质，从而更快地融入现代文明。在环境方面，旅游地居民对自然环境的维护与影响比旅游者更为直接。总之，生态旅游的发展会促使旅游地居民积极主动地保护自然生态系统，谋求可持续发展。就整体而言，生态旅游的健康发展在经济上有利于促进旅游经济的持续增长，并不断为地方经济注入新的发展资金。在环境保护方面可以对自然环境的保护和管理给予资金的支持，提高旅游经营管理者、旅游者和旅游地居民对环境保护的意识。在社会效益方面，生态旅游可促进公平分配，有利于增加居民的就业机会等。这一切将有效地促进生态旅游地社会、经济、文化的全面进步和协调发展。

生态农业、生态工业的发展将为生态文明建设奠定基础，同时会促进科技的生态转向和创新。但旅游业相比于工、农业有其特殊性。工、农业属于生产领域，而旅游业在一定意义上是属于生活领域。生态旅游的提出在一定程度上标志着环保已从一个社会行业逐渐朝一种社会生活方式的演变。

除了生态农业、生态工业和生态旅游之外，还要提倡生态建筑和生态服饰等。

无论是生态城市建设，还是生态工业、生态农业和生态旅游的发展，都离不开科技的生态学转向和科技的生态化创新。没有科技的生态学转向和科技的生态化创新，就不可能建设生态城市，就不可能发展生态工业、生态农业和生态旅游。如果说现代征服性科技是现代工业文明的知识资源和技术手段，那么生态学转向之后的理解性、调适性科技就是生态文明的知识资源和技术手段。

第二节　生态文明的生活方式

文明是人类的存在方式，建设生态文明社会的根本目的是为人服务。在努力实现人与自然、人与人的和谐共生过程中，必须首先实现人的自我身心的和谐，使作为个体的人能够得到全面的发展。这是可持续发展的灵魂。所谓人自身的发展，包括三方面内容：人的基本的合理（物质和精神）需求的满足；人的素质的提高，包括生理素质、心理素质、科学文化素质、思想道德素质等；人的能力的发挥，即人们认识、理解、有意识地影响与规划现实世界和自身之变迁的能力，具体表现为思维的创新性和实践的创造性。

以可持续的方式生活有助于实现人与自我的和谐。这包括二层内容，首先，应该在全球范围内消除贫困，解决温饱问题；其次，引导人们改变导致身心不和谐的生活习惯和观念，在全社会推广养生和心灵成长。

一、生活方式的基本内涵与结构

生活方式是人的生活样式，也就是人怎样生活的问题。基本上，人的生活就是人存在的方式。可以认为，生活方式于人而言，有决定个人存在和发展的重大价值意义。生活方式是人为了满足自身的各种物质精神需要而进行的社会实践活动。生活方式是一个动态的过程，是一个历史的范畴。自人类的出现，生活方式就一直存在并不断发展。在不同的历史阶段有不同的社会生产力水平，从而使得人生活的物质条件也有所差异。由于物质条件的局限性，人的价值取向会存在差异，从而形成与该社会阶段生产水平相适应的生活方式。可以说，生活方式回答的是人在特定的历史条件下，如何结成社会关系、如何利用物质资料的问题。

（一）生活方式的基本内涵

生活方式的范畴可从广义和狭义两方面界定。狭义的生活方式是指人在日常生活领域的实践活动方式，即我们常说的人的饮食、穿着、住宿、出行、旅游、娱乐的方式；广义的生活方式是指人在全部活动领域的实践活动的表现形式。可以这样概括，广义的生活方式是"人类全部社会生活活动的总和，涵盖一切人类社会生活的各个领域、各个方面、各个层次；狭义的生活方式是指除人类生产活动、经济生活以外的人类社会生活方式的总和。"① 本书主要研究广义的生活方式。

（二）生活方式的结构划分

生活方式是人为了满足自身在各生活领域的需要的实践活动的表现形式，由于人的需要的丰富性、多层次性，所以人的生活方式的内容也一定是丰富的、多方面的。广义的生活方式主要有以下范畴：

1. 物质资料生产方式

"生活方式"这一概念最早由马克思和恩格斯在其著作《德意志意识形态》中提出，书中强调了生产方式与生活方式之间的紧密联系，指出生产力和生产关系决定人如何进行生活，肯定了生产方式在更广泛的意义上是生活方式的一个方面，是生活方式的组成部分。也就是说，物质资料生产方式囊括在生活方式这个概念之中，这是关于生活方式的经典观点。物质资料生产在社会发展中处于核心地位，起决定性作用，它是人类进行一切实践活动的前提条件，是人类形成一切关系的基础保障。人类生存和发展的第一步就是生产满足自身吃、穿、住、用、行等生存需要的生产资料。

人必须在一定的物质资料条件下进行生产实践活动才能使自身需要得以满足。物质资料生产实践是人的需要的实现方式。它决定人的需要能否被满足、被如何满足，它标志着人的生活处于怎样的水平。物质资料生产实践创造了人类生存的物质条件，之后，人在对客观物质的利用和改造中结成了人与人之间的关系，即生产关系。随后，人们又形成了以生产关系为基础的政治关系、法律关系、宗教关系等其他社会关系，从而形成了整个人类社会。

2. 物质资料消费方式

消费个体在自身消费意识的指导下消费产品和各种劳务的活动，我们称之为物质资料消费方式。消费是伴随着工业文明而来的。在原始文明和农业文明时期，受社会结构和生产力水平的制约，社会的产能并不足以生产出更多的产品，人们大多以"自给自足"的方式满足自身的需要，所以，不存在大规模消费。而工业文明使我们进入了资本扩张的时代，资本家为获取超额利润不断地扩大生产，提升科技水平，社会上出现了越来越多的"商品"，消费便应时代而生。消费方式同样是一个历史的、实践的范畴，在不同历史时期，不同的消费个体在不同的社会关系、有差异的经济水平及消费理念的引导和制约下，形成了不同式样的消费习惯。

---

① 王伟光，李忠杰. 社会生活方式论 [M]. 南京：江苏人民出版社，1988：27.

3. 交往方式

交往方式是人与人彼此联系、相互沟通、互动作用的方式，即人与人"打交道"的方式。交往包含人出于何种目的跟何种对象如何进行交往的内容。人是一个有丰富需要的个体，不仅有物质需要，而且有精神需要和社会交往需要。随着社会进步和人们生活质量的不断提升，人的物质需要基本得到满足，社会交往和精神需要匮乏的矛盾凸显，因而，交往方式在人的生活方式中的地位越来越重要。先有交往才能有生产，华夏五千年的文明成果正是在人们不断地交往中得以保留。交往使人与外界相联系，使"个人社会化和民族世界化，使发展中国家追赶发达国家成为可能"。农业文明时期，封建的宗法关系把人们束缚了人们的活动范围，人们不得已置身于世袭统治的桎梏中。然而，伴随着时代的进步、科技的发展、人们的休闲娱乐时间增多、交通和通信设施的不断改进，人的交往方式逐渐趋向开放、广泛、快捷。

4. 精神需求的满足方式

人是一种有多层次需要的个体，人并非在占有极丰富的物质资料时就能获得满足，这种情况下，人的精神需要就会凸显。兼有物质需要和精神需要的人才是富足的人。精神需求的满足方式影响人的生活质量、层次、水平。精神需要的满足方式受人的价值观念水平的制约，但是，精神需求也并不完全是观念上的东西，个人对社会有所认识、有所感知，实实在在处于社会中、处于社会关系中仍是前提。

二、生活方式变革与生态文明建设的关系

（一）生活方式变革对生态文明建设的重要性

生态文明是人在反思工业文明的基础上所构建的旨在正确地、合规律地处置人与自然的关系的文明形态，它要求人对自然敬重、顺应自然，适度改造自然，实现人和自然的和合共生、协调发展的一种新的文明形态。生态文明建设必须将生活方式放在重要位置。建设生态文明必将变革现有的生活方式，重建健康绿色的生活方式是建设生态文明的路径选择。

1. 精神生活的丰富提升巩固和谐的生态观念

生态文明是人类文明更替的必然趋势，是社会发展的理想状态，也是现实追求的发展目标，它更先进更进步更理想。生态文明的出现不代表旧文明的完全衰亡，而是对旧文明的扬弃和改造，工业文明的历史血脉、优良传统、物质精神成果都会被生态文明所继承。生态文明社会形态中的个人应是富足的人，是物质生活和精神生活都充实的人，也正是精神生活丰富的人才能建设好生态文明。精神生活，是指在特定的历史条件下，现实的个人

以其所拥有、选择、追求、创造的精神资源满足和超越自身精神需要的精神活动及其状态。精神生活既是哲学范畴，也是生活范畴，包含有道德、信仰等层次。精神生活的丰富意味着人更自由、更科学，更具有创新精神和社会关怀精神。意味着人的生态知识和生态道德都逐步提高。当人的精神生活更丰富之后，我们便会对生态保护的意义和环境污染的危害等生态问题有更充分的认识；会对生态中存在的各种动物、植物甚至是山川河流都发自内心的尊重、热爱、赞美。精神生活的丰富会让我们学会与生存空间中的其余生物平等相处，尊重他们的权利，转变将自然工具化的思想，从根源上解决人和生态环境之间的冲突，使人与自然和谐相处、协调发展。

和谐的生态观是建设生态文明所需要的理念和必须实现的目标。这一观念是指人为实现自身的连续发展在自然的承载范围之内进行社会实践活动，不能超前也不应滞后。既不偏执的追求山清水秀的田园生活，也不滥用资源和科技实现形式化的发展。这一观念凝聚了我国古老的思想精髓和生命智慧，体现为天地人相互依存相互协调。精神生活的丰富将唤醒人的生态情感和生态道德，让人们明白自然的"养育之恩"，理解生态的脆弱与疲惫，将与自然的对立关系转变为对自然的关爱与呵护，给予自然必要的修养康复的时间，并为其创造条件。所以说精神生活的丰富将巩固和谐的自然观念，从而为建设生态文明提供理念的指导。

2. 生活方式变革促使生产方式变革

工业文明时期的生产以对能源和资源无限制消耗为基础和支撑。这种生产方式丝毫不计算经济发展的生态环境成本。以高消耗、高排放为主要特征。毫无疑问，这种粗放型生产方式是造成生态问题，阻碍生态文明建设进程的主要原因之一。然而，一定程度上，这种生产方式也是由于人的大量消费、大量浪费的不合理的生活方式造成的。生产和消费本就是一组辩证的关系。生产直接是消费，消费也直接是生产。人的消费方式可以反作用于生产方式，生活方式的变革可以促使生产方式变革，绿色、科学的生态型生活方式将会造就清洁、集约的生态型生产方式。当人们不再炫耀财富，不再过度消费、铺张浪费时，社会将不再需要生产大量的商品。生产者将会在生产时减少对物质资源的投入，从而减少对资源能源的利用，减轻环境的负担。当人们都选择清洁产品和绿色产品时，生产者将会自动转变生产方式，发展生态科技来进行清洁生产。这样我们就能把污染消除在产生之前，在满足特定的前提条件下使物料消耗更少，能源、资源和产物的利用率更高。生活方式变革所催生的生产方式将抛弃高污染、高消耗的特点，转而以科技创新、资源能源的低消耗高利用为支撑。社会的发展将摆脱先污染后治理的思路，生产者将积极主动地进行清洁生产，循环生产，从根本上减少污染的产生，减少资源能源的消耗，促进经济发展模式改革与转型。

3. 生活方式变革促成人与自然矛盾的和解

从本质上说，生态文明就是将生态和文明合二为一，更加重视生态的价值，化解人与自然的矛盾，使二者关系协调、健康，而人怎样生活与人如何对待自然有密切关系，从某种意义上说，人生活的方式可以决定人与自然以怎样的方式相处，二者的关系是人的生活方式的一面镜子，有何种生活样式，就有何种状态的人与自然的关系。所以我们说人与自然的关系是衡量人的生活方式是否合理的一个直接标准，变革生活方式将促成人与自然的矛盾和解。

当今时代，人们的生活方式表现为大规模的生产，大范围的消费。人们以消耗更多的资源，占有更多的商品或服务，丢弃更多的商品废弃物来彰显存在感。我们购买包装更为华丽的商品，各个品牌争相生产圣诞套盒、限量版等产品来吸引消费者的眼球。然而当我们使用完商品之后，华丽的包装盒就成为生活垃圾被随意丢弃，成为危害生态的重要污染源，给自然的降解能力造成不必要的负担。

生活方式变革意味着我们的消费趋向节俭、绿色，我们的精神生活得到满足。我们不再追求过度的时尚，拒绝使用珍贵动植物品种，尽量使用可循环使用的产品。生活方式的变革意味着我们减少对自然的过度开发与利用，自然就能有喘息修复的时间，从而使人与自然的关系趋向和谐，促成人与自然的矛盾和解。

(二) 生态文明建设对人的生活方式提出新要求

在一定程度上，生态文明建设就是不断地加大对生态的保护，在经济不断发展的形势下，亦不能忽视对于环境的珍惜与爱护，它要求人在进行实践活动时要时刻想着为建立一个良好的环境不断做出努力，这不仅是为了现在的生活更美好，也是为了给后人提供良好的环境。传统的非科学生活方式对环境的危害极大，不利于人们长久生存，所以，生态文明建设就要求对以前的生活方式进行反思，告诫人们不能长时间地依赖现有的生活环境，对现在这种不利于人们生存的生活方式要及早地进行改变，在实践中不断地追寻一种适合人与自然和谐发展的新的生活方式。要铭记只有对现有的生活方式进行改变，向绿色的生活方式靠拢，这样才有助于整个生态文明的建设。

1. 实现可持续的发展方式

自从中国加入世贸组织以来，中国的经济得到了快速的发展，并在国际上拥有了一定的影响力。虽然整体的经济得到了全方位的发展，GDP 成绩喜人，但是我国现有的 GDP 核算方法并没有减掉由于环境污染所造成的损失，要知道生产中因污染产生的成本有时将会超过生产所创造的整体产值。例如，一个工厂生产了价值 1 亿元的产品，但因为其大量排污导致渔业损失 5 千万，水污染造成淡水资源短缺继而饮用水成本提升又损失 5 千万，同时，污染物使得人的各种疾病的发病率上升损耗医疗资源再 5 千万，这样算下来，这个工厂不但没有为社会创造产值，反而浪费了 5 千万社会财富。新的 GDP 核算方法应该是减掉污染所造成的损耗之后的绿色 GDP 的量。如果以新型核算方法来衡量当代工业的成就，人类财富的增长远没有想象的迅速。而随着社会的不断发展，各个国家在不断发展的过程中，都存在着这样的问题：只在乎自身经济水平的发展，而忽视了环境的价值与生态的保护。现在生态危机在全球范围内爆发，比如突出的全球性气候变暖的问题就引起了各国的重视，同时各个国家针对生态危机建立了具体的政策来进行调整和控制。在我国，由于发展方式转型升级的紧迫性，党中央已将经济发展速度从高速转为中高速，把产业发展的定位从低端市场转向了中高端市场。相比高速，我们现在更注重稳定与平衡。

人类不健康的生活方式给生态环境带来了破坏性影响。现在，人类的生活方式是否合理直接影响着生态环境能否健康。有关学者曾经说过这样的话，人类的生活方式和生产的方式是密切相关的，有何种生产方式，就决定着有何种生活方式，所以在一定程度上，如果生产方式有所变化，那么相应的人类的生活方式也会改变。工业文明时代的生产理念是：自然资源是取之不尽用之不竭的，自然的承载能力和自我平衡能力是无限的，人类可以随意开发自然资源，可以随意向大自然排放废弃物。在工业文明时期，人类为了创造更多的物质财富，可以说不择手段地扩大生产，污染密集型工业十分普遍，工业废弃物大量排放，使得自然资源迅速减少，甚至枯竭，使得生物多样性减少，生态环境破坏十分严重，使得人类赖以生存的环境面临困境。生产的这些特征，影响着人类生活的方式。就现在的经济形势来说，在日常生活中，人们普遍存在一种铺张浪费的生活方式，这并不利于人长久的生存和发展，这种生活方式严重违背自然发展规律。在社会不断发展的过程中，人类要有一种危机意识，要寻找一种适合长期发展的生活方式，也就是可持续发展的方式，它要求对有限资源高效利用，对工业废弃物妥善处理，既不影响当代人的长久生存和发展，也不能破坏后人赖以生存的环境。人类要为后辈建立一个适合他们生存的环境，这是给他们最好的财富，并且在教育后辈的时候也要向他们传递可持续发展的理念。

2. 实现人与自然和谐共处的交往方式

交往方式回答的就是个体与个体之间的密切关系是怎样形成的问题，只有寻找一个适合双方的方式才有利于双方更好的发展。在一定程度上，由于人具有差异性所以存在的生活方式也会有所不同。交往方式不单单是人与人的交往，在人类社会发展的过程中还会存在着人与自然的交往，人与社会之间也会存在着一定的交往方式。在人类社会不断发展的今天，在个体相处和交往的过程中，要实现人与自然和谐共处的交往方式，就要求人们在不断的交往过程中不能完全以自我为中心，不能没有底线地破坏人类赖以生存的环境，不能将自身获得的利益建立在对自然破坏的基础上，要时刻警醒自己，地球是人类共同的家园，所以，我们必须与自然建立一种和谐共处的交往方式。

在人类和自然不断相处的过程中，人类和自然是同等重要的，不能为了寻求自身的某种利益就对自然环境进行破坏，我们只有不断加大对自然保护的力度，人才能长久地生存下去。加大对自然保护的力度对我们提出了更高层次的要求，要在保护自然的基础上充分利用自然资源，与自然发展相适应，最终实现与自然和平相处这一目标。

3. 构建生态型消费方式

随着经济的不断发展，整个社会经济体系也在不断转变，继而，人们的消费模式也发生了改变。马克思对消费在整个社会生产中的地位给以非常高的评价：生产即消费，消费即生产。在工业文明时期，经济飞速发展，物质资料越来越丰富，加之我们受到"多就是好""占有越多就越幸福"等这些极端观念的影响，越来越多的人从根本上忽视了人类与自然和谐共处这一生活理念，在社会范围内已经形成了一种浪费的消费习惯和风气。这导致了自然资源过度损耗、水资源污染、环境破坏、自然灾害频发、空气质量下降等问题，这些不断出现的问题，给我们现有的生活环境带来灾难性后果，与生态文明建设的目标南辕北辙。如果不转变人的消费方式，人类的归途将是"自取灭亡"，日益严重的生态危机迫使我们构建生态型消费方式。

生态型的消费方式就是消费活动要建立在保护生态环境的基础上。人们在不断的消费过程中，是因为对某一种产品有需要，然后在需要的前提下，产生了消费的心理。然而，就现在的人们来说，所关注的物质或精神上的需求，并不是内心所需要的，而是广告媒介和厂商制造出来的虚假需求，在这种需求下产生的消费活动必然是不合理的、过度的，产生的繁荣景象也是虚假的，如泡沫般易碎。并且此种习惯在一定程度上对人类有限资源造成了不必要的损耗，对我们生活的环境造成更深程度的破坏，同时也不利于人类以后的生存和发展。在不合理消费盛行的时代，要有一种危机意识，要认清自己需要的是什么然后进行理性购买，适度购买，多购买绿色消费品。这种购买形式倡导的就是绿色消费，与生态消费方式相适应。

4. 实现人们物质生活与精神生活平衡发展

人们在日常生活中过度重视对物质生活的追求而忽视了对精神生活的关注，物质生活与精神生活的失衡不利于人们形成健康的生活方式，也有碍人幸福感的提升。所以，人就需要对现有的生活方式进行变革，重新选择一种适合人类长期发展的方式生活，也就是以绿色、健康生活为主的生活，物质和精神平衡发展的生活。生活样式在全社会范围内形成最主要的是受到人自身价值观的影响，由于人类价值观存在的差异所以不同的人对于精神上的追求是不一样的，所过的生活也是不一样的，可以说，有什么样的价值观，就有什么样的生活方式。

随着社会主义市场经济的不断发展，加之消费主义、享乐主义思想渗透等因素的影响，在我国，越来越多的人已不满足于以前的生活方式，慢慢地转移了生活的重心，在价值体验方面单方面地追求物质享受，这种现象使得传统的价值观逐渐弱化。在一定程度上人们只在意对于物质方面的需求，而忽略了对于精神方面的需求，慢慢地内心的欲望就会不断地扩增，日积月累，到最后欲望已经完全超出了自己的能力范畴，使自身陷入进退两难的窘境。现在的人过多地将时间花费在对于物质的满足上面，而忽视了对于精神上的追求，自然没有时间去读书，去充实自己的精神世界，长此以往，精神生活便会缺失。精神的匮乏比物质的不满足更让人不堪。相比精神的富足，物质的奢华、享乐更易得。久而久之，人便会认为奢华、享乐才是人生的第一目标。

长时间的精神生活缺失会使人失去灵魂，失落迷茫，会觉得生命和生活都没有意义，并经过长时间的发展，慢慢地不思进取，逐渐地对物质生活过于向往，对精神的匮乏不以为意。而这种享乐主义思想会驱使人们在进行社会实践活动时变得更加自私，无尽索取，从而加剧人与自然的矛盾。但是，实现了人们的物质生活和精神生活平衡发展，才有利于人们内心获得感的提升，人才能对生活更加具有激情。同时，如果一个人注重的是对于精神方面的追求，那么他就不会在意日常生活中的一些琐碎的事情，只需要使精神方面富裕起来真正地满足自己，一方面对于物质方面的追求是他们能够生存下来的保证，另一方面对于精神方面的追求是对于生命的升华。只有充满了梦想和理想才能走得更远，心灵上才不会匮乏和空虚。反之，如果在人类生存发展的过程中，不注重对于精神方面的向往，在日常的生活中就不能体现自己生存的价值和意义。因此，在当前形势下，对现在的人们来说，只有不断地丰富自己的内心世界、不断进行精神追求的同时继续追求物质生活的满足，才能提高整体生活质量。

三、科学生活方式的构建

生态文明建设与人的生活方式的关系表现为：生态文明建设最终要落实到人的生活方式转型之中，推进生态文明建设，必须对现有的人的生活方式进行变革，构建一种绿色、合理、能使社会永续发展的新型科学生活方式。

（一）科学生活方式的内涵与特征

1. 科学生活方式的内涵

可以说"科学生活方式"与"异化的生活方式"互为一组反义词。科学的生活方式是与生态文明为相适应的绿色、健康的生态型生活方式。科学的生活方式旨在构建一种能够保持自然系统的稳固与平衡，利于人类身体和身心健康的生态的生活方式。

科学的生活方式是对工业文明的异化生活方式的批判性反思，是对工业文明时期的传统生活方式的扬弃，它以生态文明为基本理念，在遵循自然自身发展规律的基础上将绿色、有度、可持续等原则融入对自然的改造活动中，将这些原则作为生产和生活的指引从而使人与自然关系从矛盾转化为和谐。科学的生活方式体现人—社会—自然协调发展，一方面要使经济增长，满足民众穿衣、吃饭、就业等基本生活需求，另一方面更加重视生态的意义和价值，在保护生态健康平衡的前提下实现经济发展。

2. 科学生活方式的特征

理性、节约、健康、合作、可持续发展是科学生活方式的代名词。理性指在满足自身需求的同时，不造成环境的污染和资源的浪费，杜绝对自然资源的肆意掠夺和破坏。节约即勤俭、节省，选择合理适度的消费方式、严禁奢侈性消费。健康，即人们不能只追求物质需要，还应自觉提升自身的文化素养，享受文化的魅力，用优秀的传统文化熏陶自己，培养道德情操和审美情操，有效配置生存资料、享受资料和发展资料等生活资源，自觉均衡物质生活和精神生活，形成合理的生活活动结构。合作，即转变人与人、人与社会，人与自然之间淡漠竞争和过度索求的关系，使各个主体相互依存，和合共生。可持续发展即处理好投入与产出，质量与速度的关系，合理配置资源，着眼于自然、社会的长远利益，以实现社会的永续发展和人的全面发展。

（二）构建科学生活方式的价值原则

1. 兼顾物质利益与生态利益

人是追求利益的动物，人进行的各种各样的实践都是以利益的实现为出发点的。利益在我们的生活和社会发展中都有着至关重要的地位，每一个社会的经济关系首先表现为利益。正是因为对利益有所追求，人才会有动力去创造，去寻求发展。在所有的利益活动中，人最在意的就是物质利益即经济利益。经济利益与生态利基本上是相辅相成，彼此促进的关系。生态利益是经济利益的基础，经济利益为生态利益的实现提供保障。然而，近些年，人们在对经济利益的无限追求中似乎忘记了平衡二者的关系。由于过分追求经济利益，人信仰缺失、精神贫乏、内心世界空虚，生活境界有所下降，人与自然的矛盾突出、尖锐、旷日持久，人与自然、社会的协调、平衡难以实现。

大卫·格里芬在《后现代科学：科学魅力的再现》中提倡我国古代文化所倡导的人与自然是一个整体的整体论概念，他认为在生态问题上，全世界范围内都应将整体论作为行动指南。他的这种提法是值得肯定的，整体论思想是我国一种古老的智慧，它的核心思想是我们人类是自然系统的一部分，应重视自然系统的价值，追求人与自然的同生共荣。这与我们现在所追求的生态文明不谋而合。它启迪我们不能一味追求物质利益，在追求物质利益的同时不能忘记生态利益，这正是生态文明的价值选择所注重的方面，也是生活方式向科学化绿色化转型所要遵循的价值原则。

2. 兼顾社会正义与生态正义

在科学生活方式的层面上生态正义是指人类对自然的社会实践活动以生态平衡为原则，以"只有一个地球"为共识。即各种实践活动要符合尊重自然、保护自然、生态环境可持续发展的原则。社会正义指妥善地调和社会各方利益，正确处理各方矛盾，使社会资源得到合理的分配，最终实现社会公平正义。所以兼顾生态正义与社会正义是构建科学生活方式的基础与保障。

其实，生态正义与社会正义均追求资源的合理分配，在本质上具有一致性。生态平衡的一个基础就是社会资源得到合理分配，资源的合理分配又是人的实践活动合理有序的一个重要保障。如果社会资源分配严重不均，人所占有的生产生活资料差别巨大，必然会造成占有社会资源多的那部分人无限扩大生产，浪费社会生产生活资料，而占有社会资源少的那部分人将不能得到发展，这会造成人、自然、社会之间的矛盾，这与科学生活方式所追求的生态系统平衡可持续发展的观念背道而驰，所以，兼顾社会正义与生态正义是科学生活方式的价值原则。

3. 追求人与自然和合共生

人与自然和谐相处，建立协调的人与自然的关系是生态文明的根本。在人与自然的关系中，人类总是将自己当作自然的主人，对自然进行肆无忌惮的奴役和掠夺，人与自然的关系变成了征服、占有、统治、支配的对抗性关系。科学的生活方式要求改变人与自然是对手的观念，使二者彼此适应、共存共荣，反对人对自然过分干预，要求我们清醒地认识并主动遵循生态规律，在此基础上有选择地改造自然，生态系统才有可能得到修复，获得平衡。地球生态系统保持协调和平衡，人类才能从自然界源源不断地获得能量，生态化生活方式才可能形成，人类的永续发展才有保障。

(三) 构建科学生活方式的现实路径

人类从农业文明进入工业文明付出了巨大的环境代价。工业文明时期的"异化"的生活方式使人不得不品尝破坏环境的苦果，异化的生活方式对自然环境造成了巨大的负面影响：环境污染、气候变暖、资源枯竭使人类难以生存和发展，违背了人类进行社会实践的初始目的。如果不对非科学的生活方式进行生态化转向，将导致人类自身的毁灭。生态文明是对工业文明的扬弃，生态文明呼唤人养成科学绿色的生活习惯，促使传统生活方式逐步转变为健康、科学的生活方式。要建设好生态文明，人主动转变异化的生活方式将是必然抉择。面对生态危机，现代人应重新审视自己生产和消费等行为中存在的问题，着力探寻一种健康、科学、合理的生活方式。

1. 生产方式绿色化

依照唯物论的观点来说，社会生产力水平是人怎样生活的先决条件。人和自然的关系不是抽象的，而是历史的，实践的。有何种生产方式便会有何种人与自然的关系，占主导地位的经济增长方式与生态系统的破坏程度密切相关。所以说，现如今的以破坏环境为代价来换取经济增长的生产方式是造成生态危机的重要原因，生产方式的转型是解决生态危机的必然要求，生态文明呼唤绿色的生产方式。

绿色化生产方式是与传统生产方式相对立的概念。传统生产方式的显著特征是"最大限度""无止境"，对资源的利用无止境，对利润的获取无限度。用高投入、低利用的方式来赢得经济发展，从而造成废弃物的高排放和生态环境高污染的局面。在这种线性增长模式的长期作用下，自然资源能源危机日益凸显、生态环境破坏严重。显然，这种生产方式是不可持续的。而绿色化生产方式是指在生产的各个环节都对自然没有污染，要求企业不能单纯考虑自身的短期利益与短期发展，还应聚焦社会利益和整个人类的长期可持续发展。

生态文明建设蕴含着新的经济增长点。企业生产者应积极创新经济增长的途径，转变经济增长的方向，在生产经营过程中，切实考虑生态系统的承受能力，不再简单地追求其经济效益和企业利润，尽可能地节省资源能源，循环利用自然资源，降低污染物排放量，实现生产的持续发展和社会整体财富的良性增长的终极目标。实现生产方式的绿色化，需要我们做到以下几点：

（1）大力发展生态科技，为生产方式的绿色化转型提供技术保障不论在农业社会、工业社会还是在未来更进步的社会阶段，科学技术对人类都非常重要。恰是科技的发展和进步提高了社会生产力的水平，从而使时代进步、人们生活质量改善、生活品质提升。科技为我们带来了知识，为我们创造了成就以及物质财富，这些成就深刻地改变了我们的生产生活方式和生活质量，同时也深刻地改变了我们的思维、观念和对世界的认识。在当今理论界的有些学者看来，科技的发展进步是造成生态危机的主要原因，因为，科技使人征服自然的欲望不断扩大，改造自然的能力有所提升，使人可以创造更多财富。但是，社会产能的不断提升也使资源能源的消耗量和废弃物排放量直线上升，从而造成人与自然的矛盾尖锐化。事实上，科技对于人和社会的发展而言始终是利大于弊的，只是由于人们价值观的失落，其运用科技的方法和态度发生了偏差和扭曲。怎样运用科学技术是由人的价值观来决定的，一种技术是造福人类还是毁灭人类取决于人的道德水平和价值观念。工业文明时期的科技几乎与道德和社会责任相隔绝，把自然当成是征服的对象，单纯追求这个方向的科技进步是非常危险的。生态危机和科技的发展方向有直接关系，只有科技的生态化转向才能有整个人类文明的超越。科技的生态化转向是未来科技发展的方向，是建设生态文明的必由之路。科技的生态学转向会影响到社会环境、经济、政治制度，进而影响人的价值理念，为生态文明的建设提供动力。我们现在要做的不是完全地否定科技，而是要响应党中央的号召进行科技创新，大力发展生态科技，将生态科技作为经济发展的支撑力量，从而转变整个社会的经济结构，使生态文明的生产方式稳态化、生态化。生态科技要求人平视自然，将自然放在与人类平等的地位，与自然对话，以人为本，保障生态安全，维护生态健康，研究清洁能源，发展环保、低碳技术，推进产业结构升级，变线性生产为绿色、可持续生产，为生产方式的绿色化转型提供技术保障。

（2）以生态文化为先导，大力发展非物质经济生态文化是由生态意识发展而来，它经历了漫长而复杂的过程，它通过改变人们的思想从而影响人们的行为来发生作用。它可以影响我们的价值观念帮助我们形成尊重自然、保护生态环境的生态性思维，从而从根源上杜绝破坏生态环境的行为发生。人与自然协同发展是生态文化追求的目标，这一理念可以指导我们实现经济的可持续增长。

影响经济增长方式的因素是多种多样的，有生产资料、技术、劳动生产率、管理经验等物质因素，也有道德品质、知识积累、民族精神的非物质因素。并且随着历史长河的不断演进，非物质因素的作用越来越凸显。将非物质因素应用到生产中，对经济增长是有利的。非物质经济正是这样一种经济发展模式，即在严格遵守生态规律的前提下减少工业化经济的物质投入，多发展以服务、信息技术和知识为基础的经济，如文化产业、服务业、旅游业等。但是非物质经济的发展要以生态文化为先导才能真正有助于缓解生态危机。比如，作为非物质经济重要组成部分的重要部分的文化产业如果充分发展，会对人们的消费活动有引导和激励作用。但是如果缺少生态文化的引导，文化产业也会造成环境破坏。例如，我们可能会为一部电影或电视剧的拍摄而砍伐一片森林，为拍一张照片而污染周围的环境，这便违背了我们发展非物质经济的初衷。旅游业也是非物质经济的重要组成部分，但只有生态意识深入人心时，发展旅游业才有益于保护生态环境。所以说，必须以生态文化为先导大力发展非物质经济才能既增加国民生产总值，又不破坏生态环境，只有这样的经济增长才是真正的可持续增长，才能帮助我们早日实现生态文明。

（3）发展推广循环经济。循环经济是当前我们一直在强调的一个概念。循环经济要求以 3R 原则为准绳进行经济行为，通过减少产品生产消费过程中的物质投放量达到对产品生命周期的有效管理从而保护环境。它尊重资源的不可再生性，克服了传统经济增长模式的高投入、低产出、高污染的弊端，能最大限度地利用和节约资源，是经济发展的趋势。发展循环经济要求在生产的源头就减少能源使用量和降低污染物排放量。与"先污染、后治理"的"末端治理"不同，循环经济更注重在污染的发源地"正本清源"，这正是经济模式走向良性有序的重要步骤。循环经济还强调产品的输出端的废物循环，变废为宝，在社会生产和再生产的各个环节充分利用一切可利用的资源。有学者把循环经济视为一个"自然资源—产品和用品—再生资源"的闭环式流程，在经济活动的投入端尽可能减少自然资源的投入，同时加强终端处理技术的研发，以便使废弃物得到再利用，最大限度地降低废弃物的排放量，使所有的物质、能量和废弃物都可以通过循环而得到合理利用，从而减小经济活动对自然环境的影响。因此，发展和推广循环经济至关重要，它不仅可以代替"大量污染-大量消费-大量废弃"的线性增长方式，而且能够实现生态和谐平衡。

2. 消费方式合理化

在我们的传统认识中，消费是个人的事，消费仅表示个人对物质财富的占有与消耗，并以此作为衡量人们生活水平与幸福的标准。这种传统的消费方式在创造社会繁荣鼎盛的同时加深了人类与自然界的冲突。不合理的生活方式深深地影响着生态系统，使生态系统的功能出现障碍，自然环境的自我修复能力减退甚至缺失。生态系统的功能障碍对整个生态社会体系产生负面影响，倒逼人们对过去的消费观念进行反思，并对不科学的消费方式进行变革。消费方式合理化就是要转变人们的错误的、不可持续的消费观，让科学绿色的合理化消费观念内化到人们的内心并外化为人们的消费实践。合理化消费观念为节约、适度、珍惜、反对铺张浪费，谨记物有所值；有节制地利用自然资源，高效地使用物质财富，适度地消费物质资料，最终实现人类社会的可持续发展。

生产和消费同步健康化、合理化是绿色发展的宗旨和目标。转变错误的消费理念和奢靡失度的消费方式，建设生态文明需要政府、企业和个人的共同配合，联动发力。概括起来，主要有三个层面的要求：

（1）政府加强合理消费的环境建设。

促进生态文明建设需要建立合理的消费环境。其中，政府的协调、引导作用极为关键。政府要提升其引导、监管的职能，强化绿色产品市场的监管，加大环境执法力度，形成消费管理长效机制，并在全社会倡导科学、绿色的合理性消费。因此，应完善生态消费的法律和制度建设，对环境保护采取预防措施，对环境的破坏防患于未然，如环境风险管理制度，排污申报登记制度等。还可以制定政策性环保贷款、提高污染成本等策略对绿色消费行为扶持帮助，对奢靡浪费型消费遏止控制，从而引导公众积极参与绿色合理消费，践行绿色生态消费。同时，利用传媒正确引导民众价值观念、提升民众的社会责任感。并利用舆论的力量对消费理念和行为进行引导，形成一种以挥霍铺张为耻，以合理理性消费为荣的良好消费氛围。

（2）企业加大投资，大力发展生态产业

消费方式的合理化转型，必须以企业的生态化生产为依托。大力发展生态产业，加大绿色消费品的生产规模和生产数量，消费者才有可能进行绿色消费。企业要加大投资，注重清洁生产，既要重视末端处理，也要注重前期预防，将生态的理念应用到产品的生产、流通、消费等各个环节，不能只盯住产值、利润，而要注重整个产品生命周期过程的永续性。企业必须根据市场需求确定科学合理的产品结构，加大无污染、无公害的绿色产品的生产比重，推广无公害生产，尽可能减少生产中的不可持续能源和资源的消耗，尽可能避免污染、破坏生态环境。企业还应当推进生态化管理模式，多层次循环利用绿色环保型资源，使工业生产与生态系统彼此耦合，使绿色环保消费品的成本降低，合理价格趋于合理，从而激发消费者的消费欲望。在销售上拓宽绿色产品的流通、销售渠道，可通过互联网购物等方式让消费者更便捷地购买到绿色产品。多方位利用报纸、电视、手机等传媒供给提倡绿色消费，提升绿色产品在民众中的影响力，引导群众积极主动地去消费绿色产品，落实可持续消费。

（3）消费者从小事做起，积极执行绿色消费，养成绿色消费习惯

在全社会形成生态型的生活方式，重在知行合一。实现消费方式合理化，除了掌握完备的理论知识，还需要我们每个消费个体的积极参与。每个人都是绿色消费的共同参与者，也将共同从绿色消费中获益。每个人都合理消费，适度消费，合理的生活方式才能在全社会形成，生态文明建设才能落到实处。

其实，践行绿色消费非常简单，拒绝使用一次性筷子、拒绝消费珍稀动植物制品和对动物残酷或不必要剥夺产生的产品、随手关掉水龙头、节约用电、尽量垃圾分类、适度消费肉类、多使用布袋和纸袋、"光盘"行动、按需点菜、剩菜"打包"……绿色消费的行为随处可见，只要我们留心生活中的细节，从细微处做起，必能养成绿色消费的良好习惯。

3. 交往方式和谐化

交往一词于我们并不陌生，几乎我们时刻都处在交往之中。然而，我们通常意义上说的交往是指人与人之间的社会实践活动，而这里所说的交往为广义的交往，即将交往的对象扩展到自然界，将自然与人类放到平等的地位上。在美学意义上，和谐"意味着理解、宽容、善意、友爱、和平与美好。"① 所以，健康和谐的交往方式强调宽容、理解、平等、协作，是交往对象之间的一种动态和谐，动态统一。要使人的交往方式和谐化，从根源上扭转人和自然的对立关系，我们可以从以下角度入手：

（1）转变人的价值观念，为构建科学生活方式提供价值观根砥。从根本上说，不仅仅是人的交往方式不合理，人与自然的矛盾出现并愈演愈烈的根源就在于人的价值观念出现

---

① 郭因，黄志斌. 绿色文化与绿色美学通论［M］. 合肥：安徽人民出版社，1995：22-24.

了问题。在错误价值观的指导下，人们奴役自然，崇尚物质，疯狂消费，从而加剧人与自然的矛盾。构建科学的生活方式，推进生态文明建设首先是一场思想观念的革命，不树立正确的价值观念，现代社会的生活方式的弊端便不能消除，绿色、科学的生活方式依然不能在全社会形成。正确的价值观可以为绿色、健康的生活方式的形成与构建注入能量和活力，转变人的价值观念是转变人与自然关系的根本性措施，正确的价值观念是人与自然同生共荣的重要保障。必须彻底摒弃奴役自然、主宰自然等错误价值观念，才能从根本上转变人与自然的尖锐对立关系。只有在正确价值观的导向下，人与自然的平等关系、伙伴关系才有可能确立。所以，必须对人的价值观念进行变革，以正确的价值观念指导人与自然、人与人之间的实践活动，在全社会范围内形成健康、绿色的生态型生活方式。

（2）加强生态宣传教育，提升全民生态责任感。人的道德水平的高低直接影响人与自然的关系，而教育就是提升人的道德水平和整个社会文明程度的有效途径。近年来，党中央不断提出保护生态环境的决策，虽然使人们的环保意识有所提高，但整个社会的生态责任感还处于较低水平，许多人对生态知识的掌握不全面甚至有偏差，对整个社会的生态现状知道的很少，对保护环境更是束手无策。所以，我们应加大生态知识和意识的宣传教育力度，提升大众生态意识和生态责任感。

长期以来，我们的学校和社会教育内容都侧重于人与人、人与集体、人与国家的关系的教育，而对怎样处理人与自然的关系等知识却少有涉及，所以，我们应面向社会大众，分层次多样化地深入开展生态文明全民教育，普及生态知识，让人们深刻认识到人须臾离不开自然，使民众的生态责任感提升，增强人们保护生态平衡、解决生态危机的能力。还应该以人为本，贴近实际，主动围绕社会大众普遍关心的问题做好宣传报道，让公众了解实情，参与环保活动并监督损害环境的行为。在传播途径和办法方面应当尽可能地创新传播的方法和途径，充分发挥网络媒介在生态宣传中的积极作用并利用广播、电视、报刊等媒体平台和微信、微博等自媒体平台加强生态宣传教育，强化人们的生态保护意识，营造自觉保护生态环境的良好氛围。

4. 生活方式均衡化

生活方式均衡化是指平衡物质需求和精神需求。人类经过漫长的文明演进，已经习惯用物质、货币、地位等标榜自我价值的实现程度。这些物质性的东西开始逐渐成为现代社会的唯一价值尺度，成为个人获得他人或社会承认的量化标志。人对物质过分追求，对精神的满足却不太在意。精神需要满足方式均衡化就是要平衡二者在我们生活中所占的比重，削弱人的物质需要并加强精神需要的满足。

（1）启蒙深层文化，创设优良人文环境。

随着人们改造自然能力的提升，社会经济水平大幅提高，然而整个社会的文化却没能与经济同步发展。改变人们的精神需要满足方式需要有良好的文化氛围做保障，深厚的文化底蕴为支撑。所以，我们应该对人进行深层文化的启蒙，让他们认同即将到来的生活方式的变革。"单纯经济因素本身不是造成社会变迁的充分原因。最起码，属于人们内在世界的因素——人们的思想世界是另外一个必要的条件。"① 可以认为，构建绿色、科学的新型生活方式必须要注重人思想世界的充实和精神境界的提高，对人进行深层文化的启蒙并创设优良的人文环境。启蒙深层文化，就是要在全社会建立一种有利于推进我国社会主义建设的、积极向上的、有助于向人们传递正能量的社会精神。应当重视优秀文化和人文情怀对人们生活方式形成的核心作用，在高扬科学精神同时也要弘扬人文精神，推动人的物质和精神协调发展，努力将生态文化上升为主流文化，提高每个公民的素质，提高整个社会的文化水平。

（2）追求精神世界的满足，拓宽生命宽度，提升生活品质。

当今时代，人的物质生活和精神生活不协调，人们的精神生活高度匮乏的主要原因是人不再追求高尚，不再追求情怀，而变得十分"务实"，认为品位即奢华，然而我们却忘记了教养、素质才是品位的绝配，只是因为相比奢华教养更加困难，我们才把品位让给了奢华，久而久之却让人以为成功的人生皆以奢华为唯一目标，而将素质、精神这些人类发展底蕴性质的东西鄙夷不屑。罗素曾赞美中华民族是一个认为思想比红宝石更宝贵的民族。这是一种多么高的评价！令人感到惋惜的是，当今社会，弃红宝石而要思想的人恐怕已经是屈指可数，这显然是人们精神追求衰落的一种表现。不追求思想境界提高和精神生活丰富的人显然是不富足的人，新时代的公民应当在追求物质的同时适当增强对精神价值的追求以便使自身得到更好的充实和完善。

新时代的公民应当把更多的时间用来学习更先进的科学文化知识，多与大自然接触，感受生活中的美好，珍惜时间，与人为善，与自然和谐相处，这样不仅有利于人的健康生活方式的构建更能让我们更懂得生命的价值，真正过上丰富多彩的幸福生活。人区别于动物的主要原因就是因为人有意识。要使人的精神生活更加丰富，需要加强思想道德教育，提升人的素养，让人们更加了解生命的意义从而创造出更有价值更有意义的生活。同时，还要加强社会的精神文化建设，充实人们的精神世界，提高全民精神素养。

当然，建设生态文明，构建科学、健康的生活方式不可能一蹴而就，这是一场攻坚战、持久战，需要社会各方面的长期共同努力。相信在我们持续不断地改变中人与自然的对立关系必能改变，我们所期盼的生态文明终将大踏步向我们走来。

---

① ［美］艾恺. 世界范围内的反现代化思潮［M］. 贵州人民出版社，1991：236.

第三节　生态文明教育的实施

一、生态文明教育及其特征

（一）生态文明教育的内涵

生态文明教育吸收了环境教育、可持续发展教育的成果，把教育提升到改变整个文明方式的高度，提升到改变人们基本生活方式的高度。

生态文明教育是针对全社会展开的向生态文明社会发展的教育活动，是以人与自然和谐共生为出发点，以科学的发展理念为指导思想，培养全体公民生态文明意识，使受教育者能正确认识和处理人—自然—生产力之间的关系，形成健康的生产生活消费行为，同时培养一批具有综合决策能力、领导管理能力和掌握各种先进科学技术促进可持续发展的专业人才。

生态文明教育是中国生态文明建设的一项战略任务，这个任务是长期的和艰巨的。因为生态文明教育是全民的教育、终身的教育，不仅全民生态文明意识的形成需要过程，而且健康的生产、生活及消费方式行为的形成同样需要过程。同时，生态文明教育又是一个系统工程，需要各方面的支持和配合，这就要求一方面政府需站在战略的高度，系统地、周密地部署生态文明教育，运用已有的环境教育体系全面地开展生态文明教育，另一方面教育的主体应探索更多、更有效的教育手段，开辟更多、更广阔的教育途径，积极推动生态文明教育向前发展，使之成为中国生态文明建设一支强有力的力量。

（二）生态文明教育的特征

生态文明教育是依托环境教育和可持续发展教育，顺应时代的潮流而兴起的，其特征有与环境教育和可持续发展教育相同和相似的地方，但也有自身的特征。归纳起来，主要表现在以下方面：

1. 整体性

（1）生态系统本身是一个整体，人是这个系统的一部分，生态文明倡导的人们在生产活动中尊重生态系统的规律理念本身体现了整体性，关于生态文明的教育就要以整体性为前提。

（2）生态文明建设关系到各方面的利益，要坚持全国一盘棋的全局原则和理念，处理好人与自然、人与人的关系，处理好不同区域之间的发展关系，生态文明教育应贯彻这个原则和理念。

（3）生态文明教育的实施需要整体性的考虑，生态文明教育是一个系统工程，如生态文明教育理论的基础、内容、目标、原则、机制、方式方法等问题需要统筹，实施教育的各个部门之间需要相互合作，做到整体一盘棋，从而保证教育的效果。

（4）生态文明教育需要社会全体成员的共同参与，特别是各级领导，应带头倡导生态文明理念，从制度上推进生态文明教育，以身作则争做生态文明的榜样，只有社会成员都行动起来，生态文明教育才能取得好的效果。

2. 全面性

生态文明教育的全面性包括以下两个方面：

（1）生态文明教育活动覆盖到各个领域，通过教育，把生态文明理念和思想贯彻到政治、经济、社会、文化各个层面当中。

（2）与环境教育、可持续发展教育相比，生态文明教育的内容更全面、更广泛，主要包括四点：①生态环境现状及知识教育，这是培养生态文明意识的前提；②生态文明观的教育，包括生态安全观、生态生产力观、生态文明哲学观、生态文明价值观、生态道德观、绿色科技观、生态消费观等，是生态文明教育内容的核心部分；③生态环境法治教育，这是建设生态文明社会的保障；④提高生态文明程度的技能教育，如节能减排等的绿色技术、日常生活中节约的常识、掌握向自然学习的方法和技巧等。

3. 实践性

教育本身就是一项社会实践活动，实践是生态文明教育的内在要求，生态文明的一切物质和精神成果只有在实践的基础上才能取得，也只有实践，生态文明的成果才能发挥其作用；实践又是生态文明教育重要的实施途径，通过实践，使受教育者在与自然、社会接触的过程中掌握生态环境的基本知识、转变对人与自然关系的认识、调整对待生态环境的态度和价值观、增长维护生态环境平衡的技能。

4. 全民性

与环境教育、可持续发展教育相比，生态文明教育更强调全民性，教育对象全覆盖。高校非环境专业大学生、各级政府部门的领导和工作人员、企业管理者和员工是生态文明教育的重点对象。这是因为，大学生是生态文明建设的主力军，在生态文明建设与经济建设、社会建设、文化建设越来越紧密的今天，国家和社会越来越需要"生态型人才"，高校生态文明教育理应面向各个专业的学生。各级政府是国家可持续发展战略的执行者，政府部门人员的生态文明素质将直接影响到国家生态文明发展战略及生态文明制度的具体落实。而企业从业人员，特别是企业管理者，拥有较大的生产、经营自主权。因此，通过生态文明教育，提升各级政府部门和企业人员的生态文明意识，促使他们在各部门具体工作中、在各种生产实践中自觉把握经济与生态环境的和谐发展，为其他生态文明教育对象树立榜样。如此，对中国的生态文明教育尤为重要，否则，生态文明教育效果会大打折扣。

二、生态文明教育的实施原则

（一）施教主体的多元性

振兴民族的希望在教育，振兴教育的希望在教师。对于新兴的生态文明教育来说尤为如此，以教师为主的施教队伍素质的高低将直接影响生态文明教育的成效。提高社会成员的生态文明素质与行为能力，不可能由"体制机制"自身自动实现，而是要通过各级领导干部和思想理论研究、宣传、教育工作者的工作来实现。因此，上述人员的生态文明水平、理论素养和道德修养状况，对于生态文明理念在全社会的牢固树立起着关键性作用。他们的环保理念和节约意识是否坚定，教育宣传理论功底是否深厚，生态道德水准是否高尚，生态行为意识是否强烈，对社会生态矛盾的把握是否客观、全面等，都直接制约着其宣传、教育内容的科学性与实践性，直接影响着教育对象对宣传、教育内容的信服度，直接影响着生态文明理念在人们心目中的地位。要强化生态文明价值观念在全社会的突出地位，首先要建设一支素质高、责任心强、规范化的生态文明教育施教队伍。

不可否认，对于任何一种有施教者参与的教育活动来说，高素质的施教队伍都是影响其成败的关键因素，但是作为一个新兴教育领域，生态文明教育又具有自身的特殊性。生态文明教育具有教育对象的全民性、教育周期的终身性和教育内容的综合性等特点，因此，在强调教育者队伍专业化和职业化的同时，应该突出的是生态文明教育施教队伍的多元化。因为在全社会实施如此庞大的社会系统工程需要大量的教育与宣传工作者，而培养职业化、高素质的施教队伍在短期内很难实现。

所以，在开展生态文明教育的初级阶段，有必要在推进施教队伍职业化的进程中强调施教主体的多元化。所谓施教主体的多元化是指在生态文明教育初期，为了减轻师资力量短缺的压力，鼓励各行各业（特别是教师和各级领导与宣传工作者）有志于生态文明建设事业的人在提高自身生态文明素质的同时从事生态文明教育工作。国家可以出台相关的扶持政策，鼓励教育能力较强、生态文明素质较好的人员从事生态文明教育的专职或兼职工作。我国生态文明教育的施教队伍不仅需要专门从事生态文明教育的专职人才，更需要大批兼职教师从事普及基础知识和基本理念工作。

因此，在全社会有效开展生态文明教育需要大力开展施教队伍建设，在培养高素质的专业教育人才的同时，更需要多元化的师资力量投身于这一浩瀚的社会工程之中。只有在实施生态文明教育的初级阶段坚持教育者队伍的多元化，才能使生态文明教育尽快走向正轨，健康发展。

（二）教育方式的多样性

生态文明教育对象的全民性与教育内容的综合性决定了在实施这一教育的过程中要采取不同的方式方法。从教育对象来说，全体社会成员都是生态文明教育的对象，即使是教育者，其身份也同时是受教育者，特别是其在成为教育者之前。必须针对各个群体的不同特点因地制宜、因材施教，精选切合实际的教育方式，以期达到理想的教育效果。从教育内容来看，生态与环境本身就是由各个领域的相关方面聚合而成的有机整体，它广泛涉及环境学、生态学、地理学、历史学、化学、生物学、物理学、伦理学、文化、艺术等方面。由此可见，生态环境问题是一项涉及面广、较为复杂的课题。尽管各个领域的侧重点有所不同，但是它们对于生态环境问题的解决、生态文明理念的传播都能发挥各自的作用。

例如，大气污染通过酸雨可以污染水体、土壤和生物；水体污染的影响往往可以波及包括人在内的整个生态系统。在这一过程中就涉及生态学、环境学、化学等领域的知识。同样，解决环境问题的方法和技能显然也是各个方面的综合，既有工程的、技术的措施，也有经济的、法律的措施，还有化学、物理学、生态学等手段。无论是培养受教育者的环保意识，还是加深他们对人与自然关系的理解，或培养其解决环境问题的技能和树立正确的生态价值观与态度，都有赖于教学过程对上述各个方面的综合把握与应用。因此，生态文明教育内容涉及领域的广泛性与复杂性注定在实施教育的过程中，施教者要根据教育内容的特点和层次采取多种方式方法。

生态文明教育方式的多样性原则要求除了综合运用传统教育的方式方法以外，还要根据生态文明教育本身的特点与性质，发掘多种切合时代要求又行之有效的教育方法，如实践参观法、网络教学法、实证调研法、情感熏陶法等。对于学校教育来说，除了充分利用"渗透式"与"单一式"两种传统的教育方式对学生灌输生态文明知识、培养生态文明理念外，更应该在教育、教学中采取寓教于乐、情景教学、户外体验、引导探索等新型方式，以调动学生学习的积极性与主动性，从而加深其对知识内容的掌握与理解。因为，如旱涝灾害、灰霾天气、气候异常等生态环境问题与我们每个人的日常生活息息相关，从教育对象的实际出发，让其联系自己的切身体验参与其中，才能使他们真正认识到问题的严重性与重要性，从而为其树立坚定的生态文明信念打下基础。对于家庭教育与社会教育来说，也需要从家庭成员和社会公众的实际出发，采取丰富多彩的方式方法，把环保知识与节约意识等融入生产生活中，使人们在潜移默化中形成良好的生态文明理念，养成节约与环保的生活习惯。

（三）教育实践的参与性

实践参与性原则是指在生态文明教育过程中要引导公众在面对实际的生态问题时，能够运用所习得的生态文明知识去解决实际问题，从而使公众的生态环保责任意识得到提升，应对环境资源等问题的实践能力得以增强，将理论知识贯彻到实践行动中去。公众的积极参与、主动践行既是生态文明教育的归宿，同时也是生态文明教育的载体。社会成员对节能环保、绿色出行、低碳生活等生态建设活动的参与程度，直接体现着一个国家环境意识和生态文明的发展程度。

公众参与有利于提高全社会的环境意识和文明素质，在社会上形成良好的环保风气和生态道德，形成浪费资源、破坏环境可耻的社会舆论氛围，向每个人传递节能环保光荣的正能量，从而使生态文明建设的理念深入人心、深入社会。同时，要积极建立健全公民参与的体制机制，拓宽参与渠道，使公民参与意识和参与积极性得到充分体现。广大社会成员对生态文明教育的积极参与对于提高政府生态决策水平和公共决策的认同感也具有重要的意义。因此，在实施生态文明教育时要切实贯彻公众实践参与的原则。

尽管国家在生态保护与环境教育方面越来越重视公众的实践参与，但是要充分发挥公众参与的巨大潜力仍需国家及个人在以下方面进行努力：

第一，作为个体公民要树立争做生态公民的自觉意识，从现在做起，从点滴小事做起。

第二，政府相关部门应该积极拓宽公众生态文明实践参与的渠道，同时让社会成员及时快捷地获取相关信息。

第三，教育部门及教育者要在生态文明教育过程中坚持理论联系实际的原则。从教育教学的实际情况来看，如果将科学知识、概念的传授陷于空洞的说教，则必将使生态文明教育脱离实际，且易导致学习者对此产生厌恶感；反过来，仅仅就事论事地去处理一些具体的生态问题而不注重知识理念和基本技能的传授，则无助于学习者认知水平的提高，最终也将不利于实际问题的解决。

第四，在生态文明教育过程中，积极引导受教育者面对实际情况要具体问题具体分析。在引导教育对象参与解决实际问题时，应当把重点放在日常生活中，让受教育者首先从自己周围能够直接感受到的生态问题出发，用自己所获得的相关知识和技能解决问题。只有真正做到这一点，生态文明教育才能逐步引导社会成员将眼光扩展到全社会乃至全世界，从而形成对生态问题的整体意识和解决这些问题的全局思维。

总之，公众的实践参与是生态文明教育成效的重要体现，没有公众的积极参与和主动践行，生态文明理念就难以转化为现实。因此，在生态文明教育的实施过程中，应该让教育对象在实际生产生活中主动发现资源环境问题；在解决问题的过程中提高自身的思维能力与判断水平；在相互交流与探讨的过程中逐步树立正确的生态文明价值观；在主动参与各种生态建设活动中，养成与自然万物和谐共存的生活习惯。生态文明教育目标的实现最终要靠广大社会成员的实践参与，可以说，公众的实践参与情况直接关系到生态文明教育的成败。所以，生产发展、生活富裕、生态良好的社会发展目标的实现，除了需要政府的立法与政策支持之外，更重要的是让社会成员明确其责任与义务并且能够积极参与其中。

（四）教育区域的差异性

从哲学角度来说，矛盾具有特殊性和普遍性的特点，这就要求我们对待不同的矛盾要采取不同的处理方法。由于我国幅员辽阔，地区经济发展不平衡，各地区人口的文化素质和教育状况差异较大，因此，生态文明教育在具体实施时，需要对每一区域的经济状况、教育状况和文化状况等方面进行全方位考虑，从实际出发制定可行的教育方案。区域差异性原则是指在进行生态文明教育时，一方面要以目前我国生态环境的总体情况为基础；另一方面要考虑特定区域的具体情况，在某一区域进行生态文明教育，需要结合当地的经济文化状况与当地的生态环境特点，把当地的局部情况与国家的整体规划紧密联系起来，各个地方的生态文明教育实施要按照当地的教育状况和师资力量有针对性地选择教育内容及方法。

地域差异性是我国生态环境问题的重要特征之一，不同区域因其不同的自然条件和人文历史状况，生态环境面临的问题也有所不同。我国疆土广阔，各区域的生态环境与自然资源迥异，文化习俗与教育状况不一，经济发展水平也差别较大，因而各个区域表现出来的生态问题具有很大的差异性、地域性。考虑到这些差异，我国生态文明教育在实际操作中必须做到理论联系实际，具体问题具体对待，既要体现国家的政策方针又要针对地方的实际状况。

因此，开展生态文明教育需要联系各地区的实际情况，紧密结合当地的生态环境现状与经济发展水平。总之，在宏观上，生态文明教育要根据国家的整体利益进行全局性教育；在微观上，要根据地区具体的生态问题进行有针对性的、有侧重点的教育。必须基于地区实际情况，注重生态环境的"本土化"建设，因地制宜、因时制宜地开展符合当地实际的生态文明教育。

从我国整体的经济发展水平来看，经济发达地区的生态文明教育起点较高，目标层次也要相应高些。在发达地区，经济与文化的发展速度快、水平高，与国外联系较多，生态文明教育也可以紧跟国外的最新动态，这些都有利于生态文明教育的开展。因此，对发达地区生态文明教育的开展来说，无论是公共教育还是专业教育，都要注重引进、吸收生态环境治理与教育方面的新理念、新知识。同时，这些地区生态文明教育的实践要以专业培训和学校教育为主，以社会宣传与社区实践活动等为辅。针对落后地区的社会经济与教育状况，生态文明教育应该以社会宣传和开展与人们生产生活息息相关的节能环保活动为主，使人们首先明白什么是"低碳、环保、节能"等基本生态文明知识，使当地民众在整个社会舆论的影响下接受生态文明理念，逐步养成节能环保的生活习惯。

另外，不同的地区存在的主要生态环境问题有所不同，生态文明教育的开展也要采取不同的措施，在各类地区进行有针对性的教育。从本地区存在的问题出发更容易让人们立足现实生态困境，为解决困扰其生活的生态难题而主动接受生态文明理念，进而达到理想的教育效果。

总之，生态文明教育的有效开展需要坚持区域差异性原则，不仅要在国家的整体规划与领导下开展工作，而且要结合本地区本部门的实际情况，制定有针对性的教育方案，采取切实可行的措施，防止教育流于形式、浮在表面。唯有如此，才能使生态文明观念真正深入人心。

三、生态文明教育的主要实施方法

生态文明教育活动形式多样，与其相关的具体教育方法也是同样种类繁多。对于学校生态文明教育、家庭生态文明教育和社会生态文明教育来说，由于各自的特点不同，其具体教育方法的选择与应用也有所区别。但有些教育方法可以通用，而有些则是仅适用于特定教育模式。生态文明教育比较重要且常用的方法包括灌输教育法、利益驱动法、自我教育法、环境熏陶法、网络宣传法、榜样示范法。

（一）灌输教育法

知识、理论是可以运用"灌输"的教育方法进行宣传和教育的。灌输教育法是家庭教育与学校教育中最常用的教育方法，在各层次的正式教育中起着主导作用。对生态文明教育来说，灌输教育法就是教育实施者有目的、有计划地向受教育者进行生态环保知识与理念的传授，引导受教育者通过对所学知识的吸收和转化树立正确的生态价值观，从而提高教育对象的生态文明素质的教学方法。

灌输教育方法根据不同标准可以划分为不同的类型。依据教育范围来分，可分为普遍灌输和个别灌输；依据教育途径来分，可分为自我灌输和他人灌输；依据教育形式划分，可分为文字灌输和口头灌输。具体来说，在生态文明教育教学中常用的灌输方法有：讲解讲授、理论培训、理论学习、理论研究、宣传教育等。而灌输理论中最常用的方法就是讲解讲授法。这一方法在生态文明教育中的应用也最为广泛，即教师等教育主体通过语言方式向学生或其他教育对象传授有关节能环保、人与自然关系方面的理论知识与价值观念，使受教育者增加对生态环保和生态文明的认知和了解。这种方法主要是通过摆事实、讲道理、以理服人，从而促进生态文明理念深入人心。但在讲解讲授的教学过程中最好采取启发式教学，这样可以有效调动教育对象的积极性。同时，讲解内容要正确、全面、系统，循序渐进地进行，而不可填鸭式、注入式地机械输入。

理论培训主要是以有组织有目的地开展讲习班、培训班的方式，向学员传授生态伦理知识与环境资源知识的一种综合灌输方法，这种方法具有学习人员集中、讨论问题集中、学习内容集中的优势，可以加深人们对生态环境伦理的认识，有利于学员相互交流、相互学习。理论学习是人们通过有组织、有计划地集体学习或个人自觉学习来掌握一定的生态环保和生态伦理知识的自我灌输方法，主要通过文字灌输的方式。理论研究主要是通过集中探讨与深入研究的方式对生态环保知识及人与自然间的价值理论进行教育与学习的方法。宣传教育是运用大众传播媒体向人们灌输生态环保和生态伦理知识的一种形象灌输方法，这一方法覆盖面大，影响范围广，具有持续、强化的教育效应。

为了提高灌输方法在实践中的效果，在具体运用这一方法时要讲究其科学性与艺术性，具体来说应注意：①灌输方法的重点不要拘泥于形式，而要以实际情况和效果为准；②运用理论灌输教育法一定要与实际相结合；③生态文明教育者必须首先接受教育。灌输教育法在学校生态文明教育、家庭生态文明教育与社会生态文明教育中均可运用，但在学校教育中的应用更多。

（二）利益驱动法

利益驱动法就是在生态文明教育过程中，利用奖惩的办法对那些生态文明意识较强，并且能够自觉爱护自然、保护环境的人们实施一定的奖励；对那些生态文明意识较差，且有浪费资源、破坏环境行为的人们进行一定的惩罚。这种教育方法，在生态文明教育过程中具有较强的实效性和实用性。

利益驱动教育法主要有物质利益驱动和精神利益驱动两种方式。物质利益驱动方式就是以物质的形式奖励那些具备生态文明意识、自觉爱护自然、保护生态环境的个人或部门。同时，以物质的形式惩罚那些生态文明意识淡薄，有污染环境、破坏生态行为的个人或部门，以此来督促人们要培养生态文明意识，养成良好的生态文明习惯。精神利益驱动方式就是对那些具有较强生态文明意识，且能主动自觉爱护自然、保护生态环境的个人或部门给予一定的精神鼓励，如授予"生态环境保护先进工作者"荣誉称号、颁发"生态公民"荣誉奖章等。同时，对那些生态文明意识较差，故意破坏环境、浪费资源的个人或部门给予一定的精神惩罚，如实行"亮红牌""挂黑旗"、媒体曝光等形式以督促他们自觉树立生态意识，积极践行绿色发展理念。

但是，在运用利益驱动教育方法时，一定要把握奖惩的幅度。从奖励方面来看，无论物质奖励还是精神奖励，必须掌握适度的原则，否则，不仅不利于生态文明教育的推进，反而可能增加生态文明教育的成本。从惩罚方面来看，无论是物质惩罚还是精神惩罚，同样要把握好适度的原则，要根据受惩罚的个人或部门的承受能力和对生态环境的破坏程度，科学合理地制定和采取惩罚措施，本着"惩罚适度、教育为主"的原则，给予相关个人与部门一定的经济或精神惩罚，从而刺激当事人自觉做生态文明理念的积极践行者。这种教育方法在社会生态文明教育与家庭生态文明教育中应用得更多，更能发挥其教育效果。

（三）自我教育法

自我教育，顾名思义就是指自己教育自己，即教育主体与教育客体是同一个人。生态文明教育中的自我教育是指广大社会成员在相关教育要求与目标的指引下，通过自我修养、自我反思、自我学习等方式，自觉地接受先进的环保理论、科学的生态知识和文明的行为规范，不断提高自我生态文明素质的一种教育方法。自我教育在生态文明教育中之所以重要，主要是因为生态文明教育活动对个人的影响只是一种外因，而任何教育活动只有通过受教育者积极主动的内化活动，才能产生巨大作用。从这一意义上来说，生态文明教育的效果优劣主要取决于受教育者自我教育的状况。运用自我教育的方法，不仅有利于受教育者自我学习能力的培养，而且也能促进受教育者更加主动地参与各种生态文明教育实践活动，以保证生态文明教育目标的顺利实现。

从自我教育参与人数的多少及教育范围的大小来分，这种教育方法主要有集体自我教育与个体自我教育两种形式。集体自我教育是以某一特定集体为单位，通过集体成员之间的相互影响、相互促进、相互激励，使单位成员之间在相互教育的基础上实现自我教育，在日常操作中可以针对环境资源等现实生态问题，以演讲会、辩论会、讨论会、民主生活会和知识竞赛等形式开展。个体自我教育就是社会成员个人通过书籍、视频、社会活动等方式自觉提升自我生态文明素质。自我教育的通常表现有自制、自律、自学、反省等。

在运用自我教育方式进行生态文明教育的活动过程中，必须明确一点：自我教育并不完全等同于个体自己的学习活动，并不意味着一点也不需要外在的教育者。恰恰相反，在生态文明教育的过程中应用自我教育方法，更应该强调教育者的引导与启发作用。这是因为大多数教育对象本身并不具备完全自觉、自主等学习能力。

在生态文明教育实践中运用好自我教育方法应该注意：①善于唤醒教育对象的自我教

育意识，科学运用利于教育对象自我教育的各专业要素；②在全社会积极营造良好的自我教育氛围，为广大社会成员创设进行自我生态文明教育的有利环境；③把个体自我教育与集体自我教育相结合，要充分发挥集体学习的向心力与凝聚力，以形成健康、和谐的群体学习氛围，增强集体自我教育的效果。

同时，生态文明教育施教者应该在开展集体自我教育的基础上，引导广大社会成员进行个体自我教育，帮助个体自我调整和控制自己的生态文明行为，逐步形成良好的生态文明行为习惯。自我教育法更适合于社会生态文明教育中的成年人和学校教育中的高年级学生，因为这种学习方法需要一定的知识基础和自制能力。

（四）环境熏陶法

所谓环境熏陶法，就是生态文明教育者利用一定的生态环境或生态氛围，使受教育者亲身感受、身临其境，并且在不自觉的情形下，受到熏陶和感化而接受教育的一种方法。与其他教育方法相比较而言，它不仅具有生动、形象的特点，更具有一种浓厚的情感色彩。从教育对象角度分析，环境熏陶法比较适合于对青年学生的生态文明教育。环境熏陶对人的教育影响分为顺向熏陶影响和逆向熏陶影响，其中，前者是指受教育者对熏染体产生亲和、喜悦的情感，并无意识地接受了熏染体所传达的教育内容的过程；而后者是指当受教育者在受到熏染体熏染时，对熏染情感产生对立、潜意识抵抗或有意识排斥熏染体影响的过程。因此，在生态文明教育过程中，必须促使受教育者同教育者提供的熏染教育产生情感共鸣，尽量争取顺向熏染，防止逆向熏染的出现。

运用环境熏陶法开展生态文明教育，目的就是要调动情感的力量，增强生态文明教育的吸引力、感染力，以博得受教育者的情感认同，从而取得良好的生态文明教育效果。根据环境熏陶教育法的活动方式和熏陶内容的不同，可将其分为形象熏陶、艺术熏陶及群体熏陶三种类型。其中：形象熏陶指的是生态文明教育者用生动形象、较为直观的事物形态与反映现实的生态环保典型事例来影响受教育者的情感精神，帮助他们理解和认同生态文明教育理论的一种教育方式。其中，不仅包含身临其境、参观访问、实地考察的情景熏陶，也包含现象观察、实物接触、图片观看的直观熏陶，还包含同人物亲身交谈，在举止言谈中潜移默化受到的教育影响。

艺术熏陶指的是生态文明教育者通过文学、音乐、美术、舞蹈、戏剧、电影、电视等有关生态环保方面艺术作品的欣赏活动、创造活动以及评论活动，以影响和感化受教育者的一种生态文明教育方式。它以欣赏艺术的美，发展受教育者的想象力和创造力为目的，在培养人们鉴赏能力、审美观点的同时，促进受教育者逐步树立生态环保意识和生态伦理价值观。

在进行艺术熏陶时，必须做到：①培养受教育者欣赏的兴趣；②培养和提高受教育者的鉴别能力；③激发受教育者强烈的情感反应。群体熏陶是指在一个群体中，受熏染体熏陶的各个个体之间相互作用、相互影响的一种状况或一个过程。个体在群体中所受熏陶的程度是弱还是强，关键在于个体和群体受熏染的方向是否一致。如果个体与群体受熏染的方向一致，个体受熏陶的程度就比较强烈；反之，如果个体与群体受熏染的方向相悖，那么，个体受熏陶的程度就会削弱。这种教育方法比较适合在家庭生态文明教育与学校生态文明教育中应用。

（五）网络宣传法

网络宣传法就是指教育者运用互联网广泛宣传和普及生态环保知识，以实现对受教育者进行教育的一种方法。网络宣传完全不同于其他传统媒体的宣传，这是因为网络信息传播的速度具有即时性及信息资源的海量性特点，只要将生态环保知识与相关文明理念按照网民的搜索习惯及其兴趣提供给广大网民，就可以使信息迅速、大量传播，让生态环保知识在最短的时间内遍布互联网，走进广大网民的视野，进而达到引导广大网民树立节能环保意识和生态文明理念的目的。

网络宣传方法种类繁多，从目前来看，主要的网络宣传方法有搜索引擎排名法、交换链接法和网络广告宣传法等。其中，搜索引擎排名法是指在主要的搜索引擎上注册并获得最理想的排名，从而达到对生态环保知识与理念进行广泛宣传的方法。生态环保知识在网站正式发布后，应该尽快提交到百度等主要的搜索引擎网站。如果在搜索引擎网站中搜索有关生态文明知识，这些生态环保知识的网站可以排名在搜索引擎的第一页，那么只要通过搜索引擎就能够不断地提高宣传网站的浏览量，从而可以增强生态文明教育的宣传力度、强度与广度。

交换链接法是各个网站之间利用彼此的优势而进行的简单合作。具体来说，就是分别将对方的 LOGO 或文字标志设置成网站的超链接形式，然后放置在自己的宣传网页上。当然，对方也会在网站上放置自己的超链接来作为回报。因此，用户能够通过合作的网站找到自己的网站链接，从而达到一种彼此宣传的目的。具体到生态文明教育网站来说，就是要将生态文明教育网站与各大网站建立超级链接，从而达到宣传生态环保知识理论的目的。网络广告宣传法就是在用户浏览量较大的网站或者较大的门户网站宣传生态环保的理论知识，这种方法通过直接增加网站的用户浏览量进行宣传。例如在网易网站首页设置一些关于生态文明知识的教育和宣传方面的网站链接，此举一天带来的浏览量就相当可观。可以说，这种网络宣传方法是见效最快、覆盖面最广的，当然，这也需要一定的成本。

总体上来说，网络宣传法相对于其他教育方法具有一定的优势：一是网络宣传具有多维性，图、文、声、像相互结合，可以大大增强对生态环保、生态文明的宣传实效；二是网络广告拥有最具活力的受教群体，以青少年为主的广大网民是生态文明宣传教育的重点对象；三是网络广告制作成本低、见效快、更改灵活，便于调整生态文明教育计划及其内容的替换与推广；四是网络广告具有交互性和纵深性，可以跟踪与衡量生态文明教育宣传效果；五是网络宣传具有范围广、时空限制弱、受众关注度高的特点；六是网络宣传具有可重复性和可检索性。这种教育方法特别适合社会生态文明教育中的成年人，当然，凡是上网的网民都可以接受这种网络宣传教育。

（六）榜样示范法

所谓榜样示范法，就是为了提高广大民众对生态文明方面的思想认识、规范他们生产生活中的行为，教育者通过一些在生态环保方面的典型事例或表现突出的榜样来感染影响教育对象，以达到一定的示范作用的教育方法。事实证明，大多数人类行为是通过对榜样的模仿而获得的。人生的榜样、道德的榜样，是人们生活世界里不可或缺的重要元素。榜样示范法作为一种重要的教育方法，在生态文明教育程中具有重要的社会带动作用。榜样的力量是无穷的，先进典型具有强大的说服力。好典型、好榜样对广大群众来说，是非常现实、十分直观的教育和引导，是激励鞭策人们努力进取的直接动力。在我们这个社会里，人们都有不甘落后、积极上进的自尊心和责任感，只要广泛开展学先进、赶先进的活动，就能够有效调动和发挥人们践行生态文明理念的积极性和创造性。此外，榜样模范的先进事迹和光辉思想，是一种无形的教育力量，是推动广大社会成员模仿学习的重要动力，它可以使生态文明教育更贴近生活、更具有说服力和感染力。

在具体运用这一教育方法时，对于榜样人物与事迹的选择应注重其典型性。在生态文明教育的过程中，榜样模范的生态文明思想及其行为容易迅速吸引人们的注意；榜样的权威性、可信任性、吸引人的程度以及与教育对象之间的相似程度等个人特质，都会影响榜样示范的效果。无论是个人或集体典型，还是通过其他形式塑造、呈现出的榜样形象，都应该具有可学性、易辨性、可信任、权威、有吸引力等基本特征，这也是榜样示范法的客观要求和科学基础。

除此之外，在实践操作中，采用榜样示范教育还需要教育者遵循四点具体的要求：①榜样的选择必须实事求是，不能任意抬高、夸大其词；②为了让生态文明教育更能打动人心，达到最佳的效果，需要尽可能地让榜样人物以现身说法的方式进行教育；③开展关于生态文明的榜样示范教育可以选择和运用多种方式和途径，以强化示范效果；④善于通过反面典型和事例来威慑、警示和劝阻公众，尽可能避免破坏环境、浪费资源的现象发生。也要充分利用正面的先进典型事例，发挥其巨大的社会影响力，以带动广大社会成员积极践行节能环保、珍爱自然的文明理念。榜样示范法更适合社会生态文明教育与家庭生态文明教育。

四、生态文明教育的评价

在探讨生态文明教育的基本内涵、理论支撑、目标体系等问题，在此基础上，继续探索、建立生态文明教育的评价体系可以帮助人们进一步明确生态文明教育的具体内容和工作范围，更重要的是，促使生态文明教育进入实际操作层面，以检验生态文明教育效果和改进工作，起到导向、督促作用。

生态文明教育评价体系与以往的环境教育评价是有区别的，这是因为，生态文明教育有更多的主体参与、协调的关系更广泛、人们参与实践的机会更多、内容更丰富，实现的目标更高，因此，生态文明教育的评价应更注重过程评价。根据生态文明教育目标体系，生态文明教育评价体系可分为生态文明教育过程和教育效果两大部分。

（一）过程评价

生态文明教育过程评价主要是对政府、媒体、学校等主体机构生态文明教育开展情况进行评价。

1. 政府工作系统

一个地区政府对生态文明教育的重视程度和工作力度关系到该地区生态文明教育工作的成败，此系统的评价内容应主要包括：政府对生态文明教育的政策指导、生态文明教育长短期及年度计划、生态文明教育条例和各部门的规章制度等情况；公开生态文明建设相关信息情况；发展绿色经济、绿色科技的规划和实施情况；成立各级领导小组，并有专职人员负责的组织机构建设情况；提供生态文明教育资金的专有资金投入情况；宣教人员数量情况；政府工作人员生态文明教育的培训率情况；绿色科技人才储备情况等。

2. 新闻宣传系统

新闻宣传是生态文明教育的重要形式，此系统的评价内容应主要包括：生态文明教育新闻宣传领导小组工作；有政府或委托相关机构开办的绿色网站；广播、报纸、刊物有生态文明教育的专栏；对重大生态环境活动的报道；面向大众进行生态政策、生态法律法规普及工作；主要街道和社区设立生态文明教育宣传栏（廊）等。

3. 学校教育系统

学校教育是生态文明教育的重要阵地，对学校教育的评价可以结合绿色学校（幼儿园）、绿色大学的评建，此系统的评价应主要包括：创建绿色学校（幼儿园）、生态国际学校的情况；高校生态文明教育情况；各类职业学校传播生态文明观情况等。

4. 公众参与系统

公众既是生态文明教育的主体也是对象，公众参与是生态文明教育的重要力量，此系统的评价应主要包括：各级别绿色社区（生态社区）、生态村（乡）建设情况；大众广泛参与与生态环境相关的世界日活动情况；建设生态文明教育基地情况，如开发国家森林公园、各级自然保护区的文化功能、修建生态公园，并设有专职生态解说员、工作体验区等；非政府组织参与环境保护活动的人次等。

5. 企业运行系统

在生态文明建设过程中，企业肩负着重大的责任，对此系统的评价应主要包括：产业生态化程度；建设"国家环境友好企业"情况；从业人员生态文明教育普及率；企业行为对生态环境影响的情况；开发、使用生态环保产品的情况；承担社会责任的情况；绿色科技人才储备情况等。

（二）效果评价

生态文明教育效果评价体系主要是通过对公众生态文明意识和公众对生态文明的满意度来检验生态文明教育效果。

1. 公众生态文明意识

生态文明教育的根本目标是提高公民的生态文明意识，因此，一个地区的公民生态文明意识的高低是评价该地区生态文明教育工作成效的一项重要指标。生态文明意识评价的内容应包含生态文明教育目标体系的全部内容，具体包括生态文明知识、生态文明态度情感、生态文明价值观、生态文明意志信念和生态文明行为等方面。这项指标的评价可以通过问卷调查、走访、观察得出该地区公民的生态文明意识程度。

2. 公众对生态环境、生态文明的满意率

生态文明教育效果另一个重要的评价指标是公众对生态环境、社会生态文明的满意率，这项评价主要是检验政府的工作效果，主要考察公众对所生活地区的生态环境、生态文明程度的满意程度。其内容主要包括环境度、资源承载度、绿色开敞空间、享受绿色经济、绿色科技成果状况等。这方面的评价可以通过问卷调查来进行。

第五章　生态治理现代化的优势、矛盾与对策

第一节　生态治理现代化概述

一、生态治理的基本认识

（一）生态治理的概念内涵

随着生态环境的日趋恶化以及生态风险的频繁发生，生态治理研究已经逐步深化，实现了从理念到行动的全方位变化。理念上，注重事前的控制而非事后的被动处理，注重生态环境整体的改善而非单单关注局部的修整；行动上，除了强调政府在生态治理方面的责任外，还注重加强社会各方的参与。

通常，生态治理是治理理论在生态领域的运用，是指政府、企业、公民以及社会组织根据一定的治理原则和机制进行更好的环境决策，公平和持续地满足生态系统和人类的目标要求，是一种建立在基层民主之上的多元参与、良性互动、诉诸公共利益的治理模式。"与传统的生态管理体制不同，生态治理强调更多的是生态建设目标从单一注重数量向数量、质量、结构和功能'四位一体'方向转变；生态建设模式从行政主导向合作共治转变；生态建设手段从刚性命令式向柔性协商式转变。"① 因此，公共参与视角下的生态治理与"生态建设"或"生态管理"的本质区别及主要特征表现为：一是多元参与的治理模式；二是良性互动的运行机制；三是对话协商的民主形式。狭义上，生态治理是指生态学意义上的生态修复与环境污染防治；广义上，生态治理还包含生态文明建设过程中各参与主体的思维理念、行为模式、制度安排和方式手段等。

（二）生态治理的价值取向

生态治理是国家治理体系和治理能力现代化的重要组成部分，两者相辅相成。生态系统自身具有修复功能，但是由于人类的过度开发、建设，生态系统已不堪重负。通过生态

---

① 沈佳文. 公共参与视角下的生态治理现代化转型 [J]. 宁夏社会科学，2015（03）：47-52.

治理，让绿色生产成主流，使绿色发展占主导，生态环境得以改善，生态承载力不断增强。

生态治理，看似是在治理生态环境，实则是在调适人的观念，制定科学的政策，管控人的行为。为此，树立正确的价值取向，将党和政府的生态意识和生态自觉转化为公众共识、有效政策和自觉行动，转化为生态治理的政策体系和行动方案。从宏观上看，当代中国的生态治理必须在回归和超越双重价值取向上努力，以促进中华民族永续发展。

所谓回归，就是要回到人与自然和谐共生的基本理念。大自然是人类永远无法摆脱的自然物质基础，自然规律从根本上制约着人的生存、活动和发展规律，自然资源仍然是人类不可或缺而又极其有限的稀缺资源；人本身是自然的一部分，仍然依赖于自然而生存和发展。因此，尊重自然就是珍惜人类生存发展的基础，顺应自然就是遵循自然生存发展的规律，保护自然就是保护人类发展的可能性空间。回归到人与自然和谐共生是人类和中华民族必须遵循的根本原则。

所谓超越，就是要积极探索新型现代化发展道路，创造新型现代文明。新型现代化不是以伤害和破坏自然为前提，而是在尊重、顺应和保护自然的前提下展开，把生态文明建设放在突出地位，融入经济建设、政治建设、文化建设、社会建设各方面和全过程，努力探索绿色发展、循环发展和低碳发展之路，形成节约资源和保护环境的空间格局、产业结构、生产方式和生活方式，走新型工业化、农业现代化和新型城镇化之路，努力建设资源节约型和环境友好型社会。

（三）生态治理的战略举措

随着近年来中国国际地位的显著提升，中国已逐渐成为全球治理中不可或缺的重要力量，生态治理成为突破发展瓶颈、实现可持续发展的战略举措。

1. 央地协调，构建共容利益

共容利益存在于生态治理中的中央政府与地方政府之间，同时利益调整、存续长短等因素的不断变化，影响生态治理中的共同行动。由于我国地区差异性与生态环境的复杂性，中央政府统一推行的模式可能难以具有普适性。因此，给予地方政府进行自主性生态治理改革试验的机会，由部分地区进行试验，再逐步推广经验，同时允许存在地区差异性。从历史经验来看，重大制度创新往往是建立在局部性改革取得经验与教训的基础之上，不断总结、纠正，证明其必要性与普适性之后，再予以推广。

2. 制度统筹，构建良性治理平台

良好的政策设计需要兼顾各方利益，促使公共利益与私人利益相互融合，而非对立。鼓励利益受损方参与环境问题的问责和追责，调动社会力量参与生态治理。环境信息的获

取和理解是公民有效参与生态治理的基础，并且环境信息的公开程度、效果直接影响公民参与权的实现。环境信息不公开，公民就难以有效参与，其参与积极性也会受挫。因此，政府职能部门和企业公开环境信息，使公民有充分的环境知情权，使公民参与生态治理的积极性提高。这是推进公民生态治理主动作为的有效举措。

3. 生态文明建设

生态文明建设是中国在国内自然条件和国际政治条件双重约束之下的一种必然选择，也是中国在全球性生态危机条件下对人类未来文明形式的一种理论和实践探索，为全球性生态治理提供了一种综合模式图景。党的十八大报告明确提出，要把生态文明建设放在突出地位，融入经济建设、政治建设、文化建设、社会建设各方面和全过程，努力建设美丽中国，实现中华民族永续发展。因此，全球性生态治理必将借助于市场、法治和技术手段，从政治、经济、文化和社会等各领域着手进行综合治理。

二、生态治理现代化的本质、构成及运作

改革开放以来，我国在创造世界经济奇迹的同时，面临资源短缺、环境污染、生态破坏等重大挑战。推进生态治理现代化、加强生态文明建设是缓解当前严峻的生态环境危机的必由之路，更是实现国家、民族永续发展的战略选择。国家生态治理体系和治理能力现代化是国家治理现代化的重要组成部分，是形成人与自然和谐发展现代化建设新格局，走向社会主义生态文明新时代的重要举措。

（一）生态治理现代化的本质内涵

生态治理现代化是国家治理现代化的重要环节，其内涵可以从现实压力和对传统的反思两个方面来理解。从现实压力来看，生态危机已经成为当前人类面临的重大威胁，从过去的"民以食为天"变成了今天的"民以天为食"。近年来，各地生态环境事件不断发生，并牵涉政治、经济、社会等方面，生态问题甚至成为政治、经济、社会问题的导火索。从对传统的反思来看，生态危机是"高投入、高消耗、高污染、低效益"传统发展方式的结果。破解生态危机，就必须转变发展方式、调整经济结构，清醒认识经济发展与生态保护的关系，那就是"没有生态保护就没有经济发展，不保护生态就等于经济发展为零甚至发展为负"。因此，现实压力和对传统发展方式的反思推动着生态治理必须走向现代化。生态治理现代化既要保证治理行为本身的现代化、战略化、法治化、制度化、规范化、程序化、多元化，更意味着生态治理能力的现代化。这就要求生态治理必须要有现实性效果，必须要化解生态危机，必须要实现生态保护和经济发展的平衡，必须要确保中华民族的永续发展，必须要为世界生态问题的解决贡献中国独特的力量。

　　有研究从生态治理的思想精髓、世界发达国家生态治理实践和中国国情相结合的视角，分析生态治理现代化的本质内涵，重点包括："①从管理到治理。理念是行动的先导，更新治理理念，才能推动生态治理体系和治理能力现代化，才能推动生态治理现代化的进程。因此，从管理向治理转变，是一元向多元的转变，是以政府为单一治理主体向多元化治理主体的转变，是单中心向去中心化治理的转变。②从全能到有限。全能型是指政府处理所有公共事务时不仅是掌舵者，更是划桨者；而有限型则是政府有所为有所不为，让市场的回归市场，社会的回归社会。显然，从全能向有限的转变，是推动生态治理现代化的必要过程，形成政府—市场—社会合作共赢的现代国家生态治理模式。③从人治到法治。人治更多强调的是少数人依靠权力等稀缺资源为国家和社会制定符合自身利益发展的规则，更多的是不受约束和限制。而法治是依法办事、以法律行文为规定，提供一种相对稳定的秩序。生态治理现代化必须推动从人治向法治的转变，以此形成法治公民、法治社会、法治政府和法治国家。"①

　　也有研究将生态治理现代化界定为："党和政府在科学总结生态治理历史经验和发展规律的基础上，为了实现生态文明，创新生态治理理念、调整生态治理结构、完善生态治理机制、改进生态治理方式、推进生态治理体系科学化和多元主体治理能力提升的过程。"② 其中，处理好政府、市场、社会三者的关系是推进生态治理现代化的重要前提；培育社会组织，发挥其在生态治理中的作用，强调政府主导下的多元主体协同参与是推进生态治理现代化的关键要素；实现生态文明是生态治理现代化的最终目标。生态治理现代化作为全方位的整体性、协同性变革，其具体内容包括：生态治理理念的合理化，生态治理主体结构的网络化，生态法制体系的完备化，生态治理方式的多样化，生态治理行为的有序化、精细化、国际化等。

　　还有研究明确指出，"生态治理现代化包括治理体系现代化和治理能力现代化两方面。生态治理体系与生态治理能力是一个有机整体，相辅相成。生态治理体系从根本上决定了生态治理能力的强弱，生态治理能力反过来影响生态治理体系的效能。生态治理体系包括治理理念、治理主体、治理方式、治理机制、治理绩效评估等多项内容。生态治理能力则可看作各治理主体能力的集合。推进中国特色生态治理现代化，必须吸取世界生态治理实践的有益成果，坚持以中国特色社会主义社会形态为前提，以中华优秀文化为基础，以建设美丽中国为目标，以正确处理人与自然关系为核心，以生态文明建设融入经济建设、政

---

　　①　唐玉青. 多元主体参与：生态治理体系和治理能力现代化的路径 [J]. 学习论坛，2017，33（02）：51-55.

　　②　余晓青，郑振宇. 生态治理现代化视野下社会组织的作用探析 [J]. 福建农林大学学报（哲学社会科学版），2016，19（03）：81-86.

治建设、文化建设、社会建设各方面和全过程为要求，从治理理念、治理主体、治理方式、治理机制等方面全方位探寻现代化路径，努力形成生态治理现代化的系统合力，推动我国生态文明建设迈上新台阶"①。

（二）生态治理现代化的主体构成

推进生态治理体系和治理能力现代化必须形成政府、社会、市场以及政府间互惠共生的现代国家治理模式，它强调政府要有所为有所不为，让市场的职能回归市场，让社会的职责回归社会。生态治理现代化的主体主要有政府、企事业单位、市场机构、社会组织和公民。

首先，政府是生态治理的主要承担者，担负不可推卸的历史责任。不可否认，以政府为中心的生态治理取得了显著成效。然而，实现生态治理现代化，既要依靠政府，更要统筹其他主体共同参与。因此，发挥好市场作用，正确处理政府与市场的关系，从广度和深度上推进市场改革，加快推动生态治理现代化。

其次，坚持人民主体地位，畅通公民表达渠道，让更多的话语权有效发声。而市场机构、社会组织不仅要弥补政府在生态治理过程中的不足，更要成为生态治理决策中心的主体。

（三）生态治理现代化的运作机体

生态治理现代化是一个多元化、精细化、协同性的过程，是政府、企事业单位、社会组织、市场机构和公民的互动过程，是一个治理多样化、体系制度化、结构稳定化的过程。生态治理现代化是对传统治理模式的转变，是对治理理论和治理工具的创新，是有效实施生态治理的途径。生态治理现代化是一个不断探索、循序渐进的过程，并非一蹴而就。

一方面，转变以政府为单一治理中心的理念，转变以政府为主导的管理方式，让更多的企业、社会组织、公民参与生态治理，并有效回应其治理诉求，进而演化出不同的治理体系和治理能力，助推生态治理现代化。

另一方面，将理念内化于心，外化于行。显然，生态治理现代化需要转变政府角色，从管制型、全能型转向生态型，需要重塑利益激励机制和公共协商体制、选举体制、社区自治体制；需要企业从盲目追求利润转变为通过资本逻辑塑造生态企业；需要转变公民的行为，从消费主义转向消费伦理，从符号和象征意义上的需求转向可持续生存。

---

① 杜飞进. 论国家生态治理现代化 [J]. 哈尔滨工业大学学报（社会科学版），2016，18（03）：1-14.

第二节　生态治理现代化的优势表现

我国生态治理是中国共产党领导和政府主导下的多元主体协同共治，突出党的领导和政府主导，有利于多元共治的实现，具有显著优势。

一、坚持生态治理现代化的社会主义方向

实现生态治理现代化是各国普遍重视的紧迫任务，但这一任务并不是单纯地解决生态环境问题，它与国家性质、社会制度密切相关，不同国家和不同社会制度完成这一任务的条件和目标不同，多元共治的制度保障不同，客观效果和发展前景也有较大差异。

生态环境具有明显的公共属性。相应地，生态治理现代化关系到社会公共利益，与社会主义公有制的特点高度契合。社会主义公有制有利于保护社会公共利益，保护广大人民的生态环境利益，能极大地促进生态治理现代化。而中国共产党的领导从根本上保证了我国生态治理现代化的社会主义方向。

对于无产阶级政党的优势，马克思恩格斯指出："在实践方面，共产党人是各国工人政党中最坚决的、始终起推动作用的部分；在理论方面，他们胜过其余无产阶级群众的地方在于他们了解无产阶级运动的条件、进程和一般结果。"[①] 无产阶级政党能充分代表社会前进方向。中国共产党是以马克思主义为指导的无产阶级政党，历经考验，坚定选择了社会主义道路，并成功完成了新民主主义革命，创立了社会主义国家。在社会主义革命和建设过程中，中国共产党的领导保证我国各项事业的社会主义性质和基本方向，"十四五"规划强调要"高举中国特色社会主义伟大旗帜"，并要"为全面建设社会主义现代化国家开好局、起好步"[②]。党的二十大更加明确地突出了这一点："中国特色社会主义最本质的特征是中国共产党领导，中国特色社会主义制度的最大优势是中国共产党领导。"[③] 社会主义是我国建设和发展坚定不移的方向，而我国生态治理现代化坚持中国共产党的领导和政府主导，能保证我国生态治理现代化的社会主义方向，能充分发挥社会主义公有制的优势，以人民逻辑超越资本逻辑，从制度上保障多元共治的公平正义，从而促进多元共治，将社会主义公有制与生态环境利益公共性的高度契合的优势转化为强大效能。

---

① 马克思，恩格斯. 马克思恩格斯文集（第2卷）［M］. 北京：人民出版社，2009：4.

② 本书编写组. 中共中央关于制定国民经济和社会发展第十四个五年规划和二〇三五年远景目标的建议［M］. 北京：人民出版社，2020：21.

③ 习近平. 高举中国特色社会主义伟大旗帜，为全面建设社会主义现代化国家而团结奋斗——在中国共产党第二十次全国代表大会上的报告［M］. 北京：人民出版社，2022：6.

二、坚持生态治理现代化的人民利益宗旨

实现生态治理多元共治的重要前提是参与治理的各主体对生态治理共同利益的认可和维护。只有追求最广泛的共同利益即广大人民利益，才能有效凝聚多元共治中各主体的力量。在资本主义社会，资本家重视自身利益，忽视他人利益和社会利益，也不关心子孙后代利益。普遍民众成为生态环境问题和灾难的承受者，而资本家只考虑利用自然资料以实现自身利益最大化，政府代表资产阶级利益。因此，即使有热心而激进的环保个人和环保组织，整个社会也难以有效凝聚各主体力量，难以形成多元共治的强大合力。

中国共产党的宗旨是为人民服务，以人民利益为中心，这是其无产阶级政党性质所决定的。在中国特色社会主义新时代，中国共产党坚持以人民为中心，将为人民服务作为检验党一切活动的最高标准。中国共产党始终坚持为人民服务的根本宗旨，将人民利益放在首位。这是中国共产党的本色，也是中国革命和社会主义建设取得巨大成就的根本保障。

但人民的利益不是固定不变的，而是随时代发展不断呈现出新的内容、新的要求。相应地，全心全意为人民服务这一宗旨的表现形式和具体内容也处于变化之中。新中国成立初期，成为国家主人、享有重要政治权利是人民利益的核心，捍卫人民的政治利益是党的主要任务。在改革开放过程中，发展经济、提高物质文化生活水平是人民的突出利益，也是党的工作重心。20世纪末以来，在生态危机日益加剧的情形下，拥有优美生态环境成为人民利益的新内容。生态环境是社会存在的重要构成，是人类生存和发展的基本条件和重要基础，而其广泛性、变化缓慢性等特征决定生态环境关系到人类的共同利益和长远利益。因此，中国共产党既关心每个人的特殊利益，也关心广大人民的共同利益；既维护人民的当前利益，也追求人民的长远利益。

中国共产党不仅重视人民的当前利益，也注重人民的长远利益。生态环境是人民经济利益、身体健康和生活幸福的自然根基，其状况影响人民根本利益的实现。如今，生态环境利益成为人民的基本利益、当前利益和长远利益，也成为中国共产党服务人民利益的新任务。

三、实施生态治理现代化的新型举国体制

实现生态治理现代化，不仅需要各主体的积极参与，也需要多元主体的协同共治，而协同共治的良好效果依赖多元主体之间的平等协商合作。现实中生态治理各主体生存于特定地区、从事特定职业，受具体经济发展、自然条件等差异的影响，有不同的利益需求和价值排序，利益矛盾在所难免。因此，政党和政府只有制定合理的生态治理体制，协调地区矛盾、城乡矛盾，进而协调各主体间的利益关系，才能有效提高多元共治的协同程度。

资本主义国家在生态治理过程中，存在城乡利益矛盾和种族利益矛盾，但期望以主要依赖市场和弱化政府职能来解决这些矛盾。然而，市场是个体利益的竞争场，易导致社会经济的无序，需要政府的引导和限定；政府和政党受私有制牵制而主要成为资本家服务者，难以制定能代表广大人民利益的合理生态治理体制，也丧失了对市场的有效规范，结果导致市场无效和政府无为，损害了广大人民的利益，也削弱了多元主体共治的协同意愿和协同程度。

我国生态治理采用新型举国体制，有利于增强多元主体共治的协同程度。新型举国体制适用于涉及国家发展和国家安全的战略性领域，关键核心科技创新关系到新时代国家安全和未来发展，因而首先成为新型举国体制实践探索的领域。生态治理现代化关系到中华民族长期繁荣稳定和人民幸福，也具有重要战略性意义，同时，它是一个巨大工程，涉及多个部门、诸多方面和全体人民，适合运用新型举国体制。事实上，在生态治理现代化的战略布局和实践中，我国十分重视并运用新型举国体制，有效地协调地区矛盾和城乡矛盾，促进了多元主体共治的协同性。

首先，在全国范围内进行国土空间总体规划。生态环境按其固有的自然规律演变和发展，并影响人类社会。这种影响是整体性的、流动性的。因此，在一个国家范围内，治理和保护生态环境应遵循自然规律，打破地区、部门和行业等传统的条块框架，从全局思考和规划，同时结合现实社会特点，协调各类矛盾。只有中国共产党和人民政府具有履行这种职能的经验和魄力，只有社会主义制度创造了这样的条件。2011 年 6 月公布的全国主体功能区规划充分显示了党和政府总揽全局和协调各方的能力。这一规划根据不同区域的资源环境承载能力、现有开发密度和发展潜力，统筹谋划，将整个国土空间划分为优化开发、重点开发、限制开发和禁止开发四大类，确定相应的主体功能定位，明确开发的方向、强度和秩序，并配套开发政策，逐步在全国范围内形成人口、经济、资源环境相协调的空间开发格局；对限制开发和禁止开发的区域，国家增加财政转移支付，在投资上重点支持，以生态补偿等方式满足生态功能区民众的当前利益，并扶持当地民众的长远发展。这充分体现了党集中统一领导、科学统筹的优势和能力。

其次，充分运用并协调一切社会资源，促进生态治理现代化。中国共产党不仅在革命战争年代久经考验，特别是改革开放以来，在处理国内外重大问题上积累了丰富经验，锻造出较强的执政能力和较高的执政水平，能充分而合理地运用各种条件和手段管理社会和国家。这是中国共产党领导生态治理现代化的重要基础。在生态治理现代化过程中，政治、经济、法律、思想观念、科学技术等具有不同的地位和功能。从全局而言，既需要按生态治理现代化的总体要求改造各个领域和各个方面，促使它们实现生态化转型，又要协调各领域各方面，使它们之间形成良性互动。凭借坚实的群众基础和丰富的领导经验，党和政府运用新型举国体制，集中力量，优化机制，协同攻关，充分利用市场优化配置各种社会资源，使它们既"各尽其能"，又形成整体合力，有效服务于生态治理现代化的总体目标，从而体现有为政府和有效市场有机结合的优势。

再次，有效动员全国人民共同参与生态治理现代化建设。中国共产党是中国人民的坚强领导，这一点在生态治理现代化过程中也得到很好体现。我国生态治理现代化是以党领导、政府主导的多元主体共治的伟大事业，党和政府引领方向和统筹全局，能有效凝聚生态治理现代化的各类力量，又能充分激发企业、民众的积极参与和主动创新，形成全国人民齐心协力保护生态环境、参与生态治理现代化的局面。同时，党员干部以身作则，是中国共产党的一贯作风，是党以实际行动对人民做出的最好宣传和号召。它能有力促进全社会形成对生态文明的共识，极大地激励和增强广大人民群众参与生态治理现代化的意愿和行为。

第三节　生态治理现代化的现实矛盾

生态治理现代化涉及经济、政治、文化等多方面的变革，其任务复杂而艰巨；我国经济社会发展不平衡不充分，不同主体的发展水平和需求不同；公民良好生态素质的形成有一个过程等。受这些因素影响，我国生态治理现代化在具体实践中面临着多种现实矛盾。

一、生态治理任务的长期性与治理使命的接续性

生态治理现代化是为了我国经济社会健康发展和人民福祉，但必须遵循自然规律，这是最基本的前提。自然界经过几十亿年的进化和演变，才形成了动态协调、整体平衡的和谐状态。

工业革命以来，人类活动扰乱了自然的平衡、和谐，将大量工业产品、化学物质投入自然系统，它们是生物圈完全未曾检验过的、未曾适应过的异质物，自然界在短期内不可能消化和适应这些异质物。如今，人们期望依靠人力缩短自然界的适应时间。

自然界演变有其缓慢的节奏和较长的周期。整个自然界是受规律支配的。这要求我们在生态治理现代化中必须遵循自然规律，作长期的艰苦的努力，同时做好生态治理使命在跨时间的主体之间有效衔接和持续发展。但是，在具体实践中，生态治理的长期性与接续性的关系面临挑战。

首先，作为党政机构职能承担者的党政干部，根据工作需要和干部任用管理制度在特定岗位上的任期是有限的，任期满后，干部接受新的岗位和工作任务。每位干部都期望在

特定岗位的任期内有所作为，做出有目共睹的成绩，但这种期望在生态治理现代化中实现难度很大。因此，生态治理现代化的长期性，既对我国干部考核标准和干部工作的连续性提出了更高的新要求，同时对干部也是极大的考验，能否甘愿做默默无闻的铺路石，能否具备"久久为功"而"功不在我"的精神，考验着干部的胸襟和思想境界。

其次，企业和公民等主体的生态治理活动具有应急性和偶然性。企业没有真正形成绿色生产的企业文化，绿色生产和生态治理易受经济效果和企业决策者变更的影响而中断或完全停止。

再次，大多数公民还没有养成绿色生活、绿色消费的习惯，参与生态治理存在极大的随机性和偶然性，生态治理使命代代相传的良好风气还没有普遍形成。

二、生态治理观念的全局性与治理职责的区域性

自然界是由各类自然物相互联系、相互影响而构成的有机整体。因此，在生态治理现代化过程中，我们必须有整体观念、大局意识。对一条河流的关注，要从源头关注到尽头，而不只是注重其中的某一段；同时，保护河流应树立流域观念，必须将其附近的湖泊、山脉、林木、草地等都纳入保护范围。然而，人类进入文明社会后，总是被各种边界划分为若干块，国与国有边界，即便是在一国之内也划分出多个地区、行政管辖区，具体管理者通常承担着特定地区、特定部门的管理任务；各行政区域在空间上相对独立，也有相对独立的利益，甚至相互之间会发生利益矛盾和冲突。中国的管理方式基本上也是如此设定的，地方干部都按行政区域履行特定地区的职责，难以涉足其管辖范围之外的事，有时甚至为了所辖地区的利益而不顾及其他地区和全局的利益，例如，现实中存在的地方保护主义，为了本地区的经济利益而放任本地区企业向河流排泄未经严格处理的污水、向空中排放废气等，制造出不少"公地悲剧"。

当前，我国环境政策设计已开始打破传统的行政区域壁垒，实行按流域、山脉等进行整体性管理规划，并取得了初步成效，但实践中仍存在许多现实矛盾和困难，这考验着党的能力和智慧，也考验着党的干部的全局意识和整体利益观。同时，在国家对生态文明强调和建设成果的感染下，企业、公民等开始追求高质量生活和发展，对生态环境质量的要求提高了，但是常常只求自身所处的生态环境优美，不关心他人和整个社会的生态环境，常出现"邻避现象"，甚至受个人利益的驱使，不同程度地污染破坏公共的生态环境。受大多数成员狭隘的地方意识的影响，我国社会环保组织的能力和影响都较有限。企业、公民和社会组织等也面临生态治理的全局观念与治理区域性、地方性的矛盾。

三、生态治理成效的滞后性与治理考核的时效性

由于自然环境变化的长期性、缓慢性，人们对生态环境的影响，无论破坏性的还是建

设性的影响，都具有极大的滞后性。生态环境变化破坏性影响的滞后性常常导致人们的麻痹大意。在建设性意义上，人对生态环境的影响也同样存在滞后性，生态治理现代化，无论是治理环境，还是保护生态，都需要花费大量的人力物力，还需要较长时期的不懈努力，才能见到细微的成效，而不可能获得极为明显的近期效益。因此，它容不得短期行为和急功近利，而需要各主体付出坚强的意志、极大的耐心和无私的情怀。

生态治理成效的滞后性要求干部淡泊名利，始终具有对人民负责、对子孙后代负责的强烈责任感；同时，它对干部制度建设提出了新的要求，即尽快改变我国现行干部政绩考核方式，切实健全和落实合乎生态文明要求的政绩考核方式。事实上，在生态文明建设被提升为国家战略后，我国干部考核制度也进行了相应调整和完善，例如，在干部考核标准中增加了生态环境质量的指标，实行干部自然资源资产离任审计制度，对在任期内所辖区域出现生态环境问题的干部，实行生态环境损害终身追究制等。这些改革取得了初步成效，但尚不能完全符合生态治理现代化的要求和目标。生态环境质量指标的合理设计，指标量化尺度的合理标准等，都还需要结合生态环境特点进行客观科学的确定；生态环境责任终身追究制具有很大威慑力，但相关的激励机制较少，不利于充分发挥干部的积极性和创造性等。这些情况表明，要处理好生态治理成效滞后性与治理考核时效性的矛盾，还需要各级干部做出更大的努力和贡献。同时，生态治理成效的滞后性与治理考核的时效性的矛盾，也是企业、公民等主体所面临的尖锐矛盾。企业和公民首先关注和追求的是当前利益，甚至只顾及当前利益，因为当前利益能满足紧迫的现实需要，易于感受和直接掌握，而长远利益、未来利益难以感性把握，并存在较大的不确定性。因而，企业绿色生产和绿色发展的动力不足，公民缺乏为后代"乘凉"而"植树"的耐心和历史责任感。

四、生态治理方式的现代性与治理实践的复杂性

传统管理方式，在政治学上通常被称为"统治"或者统治的同义词，它和现代治理方式一样，都是对国家、社会各种事务的规划、规定和办理，但二者有较大区别，这些区别包括：在权力主体上的单一与多元，在权力特性上的强制性与协商性，在权力来源上的法律与法律兼契约，在权力运行方向上，统治的权力运行是自上而下的，治理的权力运行可以是自上而下的，但更多是平行的。从传统管理方式转向现代治理方式，是人类政治发展的基本趋势，是各个国家现代化建设的内在要求，尽快完成这种转向成为追求现代化的国家的普遍任务。生态治理现代化是国家现代化的重要领域，也存在上述区别和转向任务。

中华人民共和国成立后，中国共产党不断探索民主、协商和法治等管理国家的现代方式，建立了以现代方式管理国家的基本制度。在生态治理方面，党和政府采取的管理方式与整个国家现代管理方式基本一致。生态治理现代化是国家治理现代化的基本构成，其实

现方式遵循国家治理现代化的基本理念和总体要求，是对传统治理模式的转变，是对治理理论和治理工具的创新，必然要求采取现代治理方式，包括制度、法治、民主协商等方式。

然而，从传统管理方式向现代治理方式转变是一项艰巨任务，面临诸多矛盾和困难，需要经历漫长而艰难的过程。相比国家管理方式的转变，生态治理方式的转变更加艰巨。

首先，生态治理以制度为依据，但在制度实施中，处理好多元主体的关系，既要保持党的领导和政府主导，又要确保其他主体的相对独立的地位和作用，其合理标准和尺度不易把握。

其次，生态治理要求多元主体协同共治，既需要党的领导和政府主导，也依赖企业、公民和社会组织积极而有效的参与，形成"由上而下"和"由下而上"两种方式良性互动。但在现实中，党和政府积极作为，而企业、公民等在一定程度上产生依赖政府的被动心理，参与意愿不强，参与行为不足，参与效果有限。这需要干部创新领导方式和工作方法。

再次，生态治理现代化必须采用法治方式，但企业、公民等主体的法治意识和法治精神都有待提高，敬畏法律并竭力维护法律的社会氛围尚未广泛形成。这要求干部以身作则，依法执政，并有效教育和提高其他主体的法治素养。

最后，生态治理现代化是各主体自治与共治的结合，而在实践中，如何充分提高各主体的自治能力，又能实现各主体间的协调共治，使自治与共治相统一，产生生态治理最佳效能，却十分复杂，极大地考验着干部的民主执政能力和有效协调能力，也考验其他主体民主协商、现代合作的意识和能力。

第四节　生态治理现代化的解决对策

正视我国生态治理现代化存在的现实矛盾，并积极寻求有效策略和措施解决这些矛盾，我国生态治理现代化的优势才能得到充分展现，进而切实地转化为强大效能，同时，生态治理现代化也能成为培育和提高干部、企业和公民等主体的现代素质和生态治理能力的重要契机。

一、生态治理长期规划与短期计划相结合

在社会经济发展实践活动中，我们需要正确认识长期规划与短期计划的辩证关系，将二者有机结合。在这方面，我国积累了丰富经验。国民经济和社会发展"五年规划"是中

国共产党在管理机制上的创造，它规定国家五年经济社会发展的明确任务，上可承接长期规划，保持长期规划的持续和方向；下可细化为短期计划如年度任务指标，保证长期规划具体落实。这种管理机制同样适用于我国生态治理现代化。生态治理现代化可在长远规划和目标。即美丽中国的指导下，制定类似于国民经济和社会发展"五年规划"的中期规划。当然，具体时段要结合社会规律和自然规律来确定，可能长于五年，如碳达峰目标；也可能短于五年，如污染防治"三大保卫战"。同时，将"中期规划"与短期计划即年度计划相统一，通过年度计划的完成情况判断生态治理长期规划的实施进展，同时以生态治理长期规划来评价干部年度工作状况，及时校正年度工作中的偏差。这样，既有利于中期规划的具体落实，又能保证长期规划的稳定性和基本方向。

将长期规划与短期计划相结合在流域治理和保护中得到具体体现。长江十年禁渔计划类似于"五年规划"，它是对以往每年7月起三个月禁渔计划的重大变革，它以科学计算为依据，让长江得以休养生息，保护和修复长江鱼类及整个长江的生态平衡。但这十年计划只有融入年度工作计划，才能逐步落实，而不至于成为一纸空文。在具体方案上，首先要准确了解长江珍稀鱼类特别是江豚状况，而后以年为单位，由低到高，由单一到综合，确定长江生态保护的现实目标和任务，进行年度评价，进而预测评估十年计划总体落实情况。如今，长江十年禁渔计划实施两年多，初见成效，江豚重见，鱼类品种和数量都在稳定基础上增长，同时在不少河段建起了水清、岸绿、河畅的长江绿色生态廊道，长江十年禁渔计划的综合效应开始显现。这些成效与正确生态治理任务的长期性与治理使命的接续性矛盾密切相关。

为了实现生态治理的长期规划与短期计划有机结合，干部要高瞻远瞩，有长远目光，又能踏实工作，保持生态治理使命的有效接续；企业应以绿色生产绿色发展为长期追求，同时不断进行技术革新和管理革新，将经济增长点聚焦于生态治理和保护生态环境，实现绿色生产、绿色发展的可持续。公民应养成绿色生活习惯，积极参与生态治理，在代际之间传递和接续使命。

二、生态治理全局视野与区域目标相结合

在生态治理中正确处理整体与部分的关系十分重要。生态环境具有突出的整体性、系统性，这就要求我们顺应生态环境的特征，从全局视野来规划生态治理目标，评估各主体的区域生态治理效果；所谓全局视野，既有全国性的，也有较大范围的流域性的。

从全局视野分析和考评特定区域生态治理绩效，具体包括几个层次：第一也是最低的层次，要求特定区域的干部、企业和公民等主体在生态治理和社会经济发展过程中不以本区域利益来阻碍全局利益，能克服狭隘地方利益观等；第二层次要求特定区域主体能配合

全局性生态治理规划，服从全局性生态治理规划和目标，服从全局性利益；第三层次要求主体能主动将全局要求和全局利益与区域性利益相结合，甚至自觉地以全局性利益为区域性利益的前提和保障，在生态治理方案设计、实施等方面进行理论和实践的创造性工作。这三个层次都旨在将全局性与区域性的生态治理目标相统一，但存在从低到高的排列。当全局性利益与区域性利益相矛盾时，为了有效保护生态环境，必须超越短期的私有利益。广义的收益须超越狭义的收益，公共权益须超越资本权益。因此，对于区域性生态绩效，可从其对全局性生态环境保护的贡献来考察和评价。

　　将生态治理全局视野与区域目标相结合，在我国具有十分有利的条件。我国生态治理现代化采取新型举国体制，而这一体制以中国共产党领导和为人民服务宗旨为前提和保障，因此，各级党政干部易形成全局意识，在初衷和境界上能将所辖区域的利益纳入全局利益；大多数企业和公民具有较强的集体责任感和爱国情怀，随着生态意识和现代素质的提高，会逐步增强全局观念。在此条件下，我们可在享有市场经济的要义精髓的同时，避免资本主义的弊病，有效推进生态治理现代化。

　　在生态治理现代化实践中，全国性的和流域性的规划不断增加和完善，全局视角和区域目标的结合取得了一定成效。长江经济带发展规划，是关乎长江流域经济社会发展和生态治理修复的重要规划，具有全局性。在流域所涵盖的区域，无论是干部还是企业、公民、社会组织，都要有流域意识、全局视野，加强联动，相互合作，协同治理。同样，黄河流域是我国重要的生态屏障，其生态环境保护任务十分紧迫而艰巨，这就要求黄河流域所经过的区域的干部、企业、公民等树立全局观，在干部领导、企业和公民等积极参与下，完善流域管理体系，完善跨区域管理协调机制，完善河长制湖长制组织体系，加强流域内水生态环境保护修复联合防治、联合执法。考核区域生态绩效，一方面，考核各主体的区域生态治理效果，另一方面，考核各主体立足于一方面对全局性生态治理的作用，包括他们所处河段的生态环境状况和他们对流域生态治理工作的配合、积极创新和重要贡献。虽然这些考核的精确量化有较大难度，但可根据生态环境现状和投入时间、财力等设定可操作性指标，以此来评价区域生态治理绩效。

三、生态治理长远目标与当前实际相结合

　　生态治理的长远目标是把我国建设成美丽而富强的现代化国家，这是远大的理想，但要实现这一理想，我们必须立足于当前我国经济发展水平、科技水平和人民生态素质等具体实际。在生态治理现代化事业中，中国共产党坚持马克思主义思想和方法，将人民的长远利益与当前利益相统一，将中华民族的永续昌盛与当前发展相统一，将生态治理长远目标与当前实际相结合，为有效解决生态治理成效滞后性与政绩考核时效性的矛盾提供了科

学方法。

一方面，将生态治理未来长远目标细化为当前目标。生态治理效果的滞后性意味着生态治理成效通常需要较长时间才能充分显现，但是，遵循事物发展的过程性和量变质变规律，生态治理滞后性的效果也是逐步地以量变方式呈现的，具有阶段性。因此，我们可以运用现代科技对滞后性效果进行预测，对阶段性效果进行评估，将阶段性效果与当前工作相对应，判断和评价当前工作实际情况。为此，需要建立科学的评价体系，设立明确的总指标和合理的阶段性指标。首先，采用现代科技手段，以大数据、人工智能等为技术保障，尽量提高评估的准确性；其次，将评价指标设立为合理的幅度和区间，以便与生态治理效果的复杂性及其准确评价的难度相适应；最后，要考虑到区域因素，充分体现生态环境优劣的区域差异，合理设定阶段性评价指标，将长远目标与当前考核相结合，将终身追责与及时奖励相结合，保证考核的公正性，充分激励各主体的积极作为。

另一方面，将崇高的精神境界和自觉的历史担当相统一。生态治理现代化是一项复杂而长期的工程，它需要一代又一代人的艰苦奋斗和创造奉献。对于各主体而言，遵循生态系统演变规律，树立历史观念，不能急躁冒进，更不能违背规律地一味追求当前成绩，而应追求做出经得起历史检验的成绩。习近平总书记在谈到黄河流域保护和高质量发展时强调：推动黄河流域生态保护和高质量发展，非一日之功。要保持历史耐心和战略定力，以"功成不必在我"的精神境界和"功成必定有我"的历史担当，既要谋划长远，又要干在当下。无论是流域生态治理，还是"双碳"等全国性目标，都需要各主体立足于当下，根据当前实际条件，踏实做好具体工作，同时又以建设成"美丽中国"为长远目标，创造优美生态环境。

四、生态治理管理创新与科学执政相结合

创新是发展的内在动力，科学是创新的基本准则和成功前提。在社会管理中，管理创新是时代的要求，它以科学执政为前提，又促进科学执政，而科学执政引导和规范管理创新。生态治理现代化是国家治理现代化的重要构成，必然遵循国家治理现代化对管理创新和科学执政的基本要求。实现国家治理制度化、规范化、程序化，就是要求对国家治理的全过程，构建起执行和运作制度、规定、标准的机制和体系，使国家治理的每一个环节、每一个步骤都有据可依、有章可循、按章行事，不因人、因事、因时而异，杜绝随意性和盲目性，推动各领域治理工作深入有序地开展。这也是对干部生态治理管理创新和科学执政的要求。干部只有通过不断学习和创新，才能进一步提高生态治理的水平。

第一，学习提高思维能力，创新思维方式。在新的时代，许多问题都以各种方式发生复杂联系，这要求干部不断提高思维能力，创新思维方式，特别是战略思维能力。生态治

理现代化是系统、复杂而长期的巨大工程，干部决策必须有战略眼光，高瞻远瞩，对于生态环境状况和未来变化做出较准确的分析和预判。同时将生态环境与社会经济发展综合考虑，并敢于和善于创新，设定涵盖多种目标和具有多重意义的具体规划，并将思维创新成果运用于决策施政中，真正做到科学执政。

第二，学习运用市场规律，创新市场机制。新型举国体制的目标是实现有为政府与有效市场的更好结合。有为政府不仅要积极作为，而且要科学作为、科学执政，学习运用市场规律，善于发挥市场功能，并能根据新的需要创新市场机制。要善于运用和驾驭资本，为资本设立"红绿灯"，限制资本作用的范围和方式；学习运用和创新市场机制，推动劳动力、资本、技术等要素跨区域自由流动和优化配置。要探索一些财税体制创新安排，引入政府间协商议价机制，处理好本地利益和区域利益的关系，在完成"双碳"目标过程中，要完善碳定价机制，创新和完善碳排放权交易机制。熟悉市场规则和金融知识，是干部科学执政的重要条件。

第三，学习创新民主方式，激励其他主体积极参与。生态治理现代化涉及人民群众生活生产的方方面面，需要人民群众广泛而积极地参与。民主是现代社会的要求和管理方式，干部必须增强民主意识，更充分地实行民主协商、民主决策、民主管理、民主监督，完善全过程人民民主，最大限度地调动企业、公民和社会组织参与生态治理的积极性，使它们真正成为生态治理现代化的重要主体。

第四，进一步完善法律制度，提高依法执政能力。法治化是生态治理现代化的内在要求和重要目标。党的十八大以来，我国颁布和实施了新修订的《环境保护法》以及一系列配套的法律法规。但是，现实中仍存在企业违反法律规定的现象，甚至对环境监测仪器进行人为干预，导致监测数据虚假。这类现象表明，我国在生态治理过程中依法执政任重道远。一方面，应进一步完善法律制度，织牢法治之网，严惩违法者，同时加强和完善法律中的奖励制度，对于积极参与环境保护并做出突出贡献的企业、公民、执法机构及执法人员给予各种形式的奖励，充分发挥环境保护法的激励功能；另一方面，严格执法，不因单位利益或个人利益而袒护生态环境破坏者；积极进行司法创新，探索既能彰显法律威严又能有助于生态修复的处理方式；注重将执法与普法教育相结合，通过公开审判、媒体公布环境事件处理结果等形式，广泛宣传环境保护法律规范，增强公民和企业的法律意识，树立法律的崇高权威，真正实行以严密法律保障生态治理现代化。

第五，学习应用生态知识，增强领导能力。学习和应用生态知识，是干部领导生态治理现代化的基本条件。干部既要学习生物学、生态学等基本知识，认识并尊重自然规律，又要深刻理解并践行"绿水青山就是金山银山"的新理念。为了实现"双碳"目标，各级领导干部要加强对"双碳"基础知识、实现路径和工作要求的学习，做到真学、真懂、真会、真用。要把"双碳"工作作为干部教育培训体系重要内容，增强各级领导干部推动绿色低碳发展的本领。学习方式灵活多样，可定期或不定期开展短期培训，专家讲座、专题讨论等；学习内容可涵盖生态环境及其建设的理论知识和实践知识。对不同岗位和不同职能部门干部，学习内容和要求可根据工作需要安排，以便提高学习的针对性和实效性。

值得重视的是，学习和创新不仅是对干部的要求，也是生态治理中企业、公民等主体的重要任务，对于创新思维、创新市场机制、创新民主方式、增强专业能力、科学执政、依法执政等，企业、公民等主体都应直接或间接地参与其中，提高自身素质，以不同方式发挥重要作用。因此，增强企业和公民等主体意识，开展广泛的法治教育和科学教育，提高这些主体的法治素质、生态素质和创新能力等，是干部管理创新和科学执政的良好基础和推动力量。

我国生态治理现代化关系到人民幸福和民族的长远利益，要求生态治理各主体"把握好全局与局部、当前与长远、宏观与微观、主要矛盾和次要矛盾"，实现"前瞻性思考、全局性谋划、整体性推进"①，这也能培育和提高干部、公民、企业等主体的现代素质和生态治理能力。

① 习近平. 高举中国特色社会主义伟大旗帜，为全面建设社会主义现代化国家而团结奋斗——在中国共产党第二十次全国代表大会上的报告 [M]. 北京：人民出版社，2022：21.

第六章　生态治理现代化发展的新理念与方法

第一节　生态价值理念与启示

在经济繁荣、社会进步的今天，人口、资源、环境关系却越发紧张。经济社会发展对自然生态系统需求的无限性与自然生态系统满足这一需求能力的有限性之间的矛盾日益凸现。所有的资源，包括清新的空气、洁净的水等，变得更加稀缺，成为更有价值的资源。因而，资源的有偿使用成为必然。绿水青山就是金山银山，凸显了生态环境在经济社会发展中的重要价值。

一、生态价值理念的内涵及特征

充分认识自然生态系统的服务功能价值，包括经济价值、社会价值和伦理价值，如孕育人类、供给人类各种资源、休息娱乐和美学、科学研究、稳定生态系统等，以及诸多未被发现或未被开发的价值。自然资源是人类借以创造经济价值的财富，科学评估自然资源的生态价值，有利于正确认识生态系统对人类的重要性；有利于制定正确的生态环境保护政策、生态资源利用政策，减少人类活动对自然生态系统的破坏。

（一）生态价值理念的内涵

人类尚未出现，自然作为一个系统已经存在了。自然有其内在价值，人类只是自然生态价值的一个组成部分，并且自然生态的内在价值和规律是不以人的意志为转移的客观存在。对于生态价值，着重理解两方面：

首先，生态价值是一种"自然价值"，即自然物之间以及自然物对自然系统整体所具有的系统"功能"。这种自然系统功能可以被理解为"广义的"价值。对于人的生存来说，它就是人类生存的"环境价值"。其次，生态价值不同于通常所说的自然物的"资源价值"或"经济价值"。生态价值是自然生态系统对于人所具有的"环境价值"。这里所说的环境是人类生存须臾不可离开的必要条件，是人类的"生活家园"，因而对于人来说，"生态价值"就是"环境价值"。生态价值理念是协调人与自然关系的价值观，它不仅是对人与自然关系的价值认识和价值态度，还是追求人与自然和谐相处的价值理想和价值准则。其内涵可从三方面阐明：

1. 人与自然关系的价值认识：人内在于自然，与自然休戚相关

生态价值理念是以现代生态科学知识为基础，对传统人与自然关系的价值认识的批判和再认识。早期，极端人类中心主义价值观认为，人类是宇宙的中心，人类的需要和利益是人类处理自身与环境关系的根本价值尺度；而大自然的唯一价值就在于提供人类享用的资源。在对人与自然关系的认识上，这种价值观片面地强调价值的主体性和人的理性，只看到人类的价值属性，无视自然的权利与价值，致使人与自然对立。近代以来，笛卡尔、洛克等思想家将这种极端人类中心主义价值观从理论推向实践，促使近代工业文明为人类创造了巨大物质财富，也导致了全球性生态危机和人与自然关系的紧张。相对而言，生态价值理念认为，人类不是自然的绝对中心，不是自然的主人和拥有者；人类并不在自然之上、之外，二者原本就是同一的。

作为一个有机生态系统，大自然以最有利于自身健康的方式，有目的地趋向于自身的完整、稳定和美丽，还创造了人类并将人类有机地置于其中。同时，自然存在物不可替代地维护着整个生态系统的完整、稳定和美丽，因而具有内在价值，具有与人类相当的生存权利。生态价值理念强调人是自然生态系统的一部分，"自然世界的利益与人类自己的最重要的利益是一致的"①。这是对人在自然中的地位、对自然以及对人与自然关系的新的价值认识。

2. 人与自然关系的价值准则：尊重生命，善待自然

价值认识以应然的方式理解客观世界，必然导致人们实践方式的变化。生态价值理念对人与自然关系的新的价值认识也必然走向实践，指导人们转变对自然的征服态度，以和谐的方式处理人与自然的关系，因而它本身包含了指导实践的价值准则。既然人类已经认识到人与自然是同一的，自然生态系统的平衡、完整、健康关系到人类的生死存亡，那么人类就必须放弃攫取、征服、主宰、占有、统治、控制自然，就必须以生态道德方式尊重其他生命的价值，维护大自然的稳定性、完整性、多样性和延续性，维护地球这个生命共同体的长久稳定与持续繁荣。汤因比说："自然界的无生物和无机物也都有尊严性。大地、空气、水、岩石、泉、河流、海，这一切都有尊严性。如果人侵犯了它的尊严性，就等于侵犯了我们本身的尊严性。"② 生态价值理念把价值赋予整个大自然，把"道德共同体"从"人与人"扩展到大自然和整个生态系统，从而提出了与传统价值观完全不同的人与自然关系的价值准则："当一件事情有益于保护生命共同体的完整、稳定和美丽时，它是正

---

① 周治华. 生态价值理念与当代人生观的"生态化"[D]. 上海：上海师范大学，2004：13.

② [英] 阿诺德·约瑟夫·汤因比，[日] 池田大作，著；荀春生、朱继征、陈国梁，译. 展望二十一世纪——汤因比与池田大作对话录 [M]. 北京：国际文化出版公司，1985.

确的，当它趋向于相反结果时，它就是错误的。"①

3. 协调人与自然关系的价值理想：人与自然和谐共生，迈向生态文明

作为一种积极的实践精神，生态价值理念还是一种激励人们行动的价值理想，为人们提供一种新的文明愿景。生态价值理念从根本上引导人类摆脱全球性生态危机，达到人与自然和谐。它所追求的和谐状态不是要人类放弃科学技术，取消生产活动以及由此创造的人类文明，回到最原始的自然状态；而是要人们在改造客观物质世界的同时，采取各种手段降低人类活动对自然环境的负面影响，以保持生态系统的动态平衡性和自然进化的持续性，要人们把眼前利益与长远利益结合起来，把经济社会发展与生态环境保护结合起来，推动人类社会系统与生态系统相互适应、协同进化。这样，人类文明将迈进一个新的发展阶段——生态文明阶段。生态价值理念没有否定人的主体性以及自身价值，也承认自然的权益和内在价值，并且从新的高度肯定人类的整体利益和终极价值，阐明了人的目的、人的作用以及对人类未来的关切，即人类通过丰富多彩的生态实践活动创造生态文明，通过经济社会的持续健康发展获得生态福祉。

（二）生态价值理念的特征

1. 生态价值的普遍存在性

生态价值的普遍存在性，就是指人与环境之间以及各种生命系统与其环境之间普遍存在着价值关系。从价值理论来看，生态环境资源之间的相互联系并不自动构成价值关系，只有那些生态主体对生存与发展具有较为稳定的需求，并且生态客体恰恰能满足这些需求，这样的需求关系与满足关系才构成价值关系。生态本身是有内在联系的、密不可分的有机整体和有序系统，正如有机物与无机物之间、动植物之间、水土气光热之间都构成自然有序的、其妙无穷的物质交换、能量转换、信息交流的循环系统，引致生物进化和生物多样性演化。为此，发挥科技的作用，改善人与自然的关系，如变"废"为宝、节能减排等。同时，革新人类的生态价值观，消除科技的负面效应，推动形成人与自然和谐发展新格局。

2. 生态价值联结的多维性

把生态主、客体之间的价值关系扩充之后，生态主体就不局限于人类自身，而是包括人类在内的所有对良好生态环境有着稳定需求的生物物种。当然，生态主、客体之间仍具有一一对应的价值关系。离开某一生态主体，也就不存在与其对应的生态客体，即每种生态主体都对应着能满足特定需求的生态客体。所谓生态价值联结的多维性，就是指由于人

---

① ［美］奥尔多·利奥波德，著；侯文蕙，译. 沙乡年鉴［M］. 长春：吉林人民出版社，1997.

们主要从有机整体的意义上理解生态，因而与生态相对应的是许多独立存在的生物物种和个体。换句话说，不仅人类而且很多动植物的种类都可以成为生态系统与生态价值关系中的主体。因此，作为有机动态平衡的生态系统不是只属于人类一种的生态存在，而是属于任何一个生物物种都需要的生态存在。

山川树木、鸟兽虫鱼都有生存和发展的权利，这种权利应该得到人类的尊重。价值主体的多样性必然带来价值需求与满足的多样性。

3. 生态价值创造的属人性

尽管人与自然的价值关系不能囊括生态价值的所有价值事实，却凸显了生态价值关系的能动性特征。人与自然的价值关系具有两个根本特点：一是能动的价值意识；二是能动的价值创造。

所谓能动的价值意识，就是指人类不仅能够准确认知他与生态系统共生共存共荣的依赖关系，而且能够科学设计有益于生态环境的、实现近期长期及局部整体目标的操作方案。而许多动植物尽管可能对生存环境的适宜性有令人惊异的把握，但不可能像人类那样对生态价值有理性自觉的把握。人类并不是像动物那样直接与自然交往，而是通过社会与自然实现统一。

所谓能动的价值创造，乃是指人类一开始就不满足于生态客体对自身的天然满足，从火的使用、工具的发明到文明社会的建立，人类与生态价值关系的实现，基本上是在自然世界的人化过程中完成的。这在所有非人动植物生物物种中是无论如何不可能的。只有人类才具备能动的价值意识与能动的价值创造，从而才构成生态价值创造的属人性。

4. 生态价值实现方式的多样性

生态价值实现方式的多样性，体现在以下三方面：

一是提供稳定而基本的生存空间。生态系统是在自然界的一定时间和空间内，生物与其生存环境，以及生物与生物之间相互影响、相互制约和相互作用，彼此通过物质循环、能量流动和信息交换，形成的一个不可分割的、相对稳定的自然整体。离开生态系统，任何价值主体不但在逻辑上不能成立，而且在事实上也都不能存在。因此，生态系统健康是生态价值实现的基本前提。

二是提供足够的生活资料和生产资料。任何生物生存和物种延续，都是在其与环境进行物质循环、能量流动、信息传递中实现的。离开生态系统毫不吝惜的恩赐，价值主体的生产、生活乃至生存就不能延续。

三是实现生态主体的自然竞争更新。这种自然竞争更新对个别物种是残酷的，然而对生态系统内部动态平衡的确立却是有益的。基于此，人类劳动是人对人与自然关系的控制，把人类的生存和发展控制在生态系统所能承受的范围之内，富有生态价值。

二、生态价值理念对生态治理现代化的启示

随着人类进入协调自然阶段，一种新的经济发展范式也在逐渐成熟，这种倡导绿色发展、循环发展、低碳发展的范式要求遵循生态学规律，合理利用自然资源，实现经济活动的生态化。自然资源包括一切具有现实价值和潜在价值的自然因素，是人类赖以生存的重要基础，对于人类的生存与发展、满足人类多方面的需求，有着极其重要的功用价值。

除了显而易见的经济价值外，其功能和用途还具有多样性，主要体现在：①自然生态为人类提供最基本的生活与生存需要的"维生价值"；②自然资源作为人类利用自然、改造自然的对象物，为人类提供"经济价值"；③自然资源为人类提供"经济效用"，同时还提供"生态价值"。虽不能直接在市场上进行交换，体现的是潜在价值、间接使用价值，如森林提供防护、救灾、净化、涵养水源等生态价值；④自然为满足人类的精神及文化享受而提供"精神价值"，体现的是存在价值或文化价值，如自然景观、珍稀物种、自然遗产等提供精神性价值；⑤自然为满足人类探索未知而提供"科学研究价值"等。人类活动不能只重视自然资源的经济价值，还要十分重视自然资源的生态价值、社会价值等。充分发挥自然资源的作用，既要通过向自然资源投资来恢复和扩大自然资源存量，又要运用生态学模式重新设计工业，还要通过开展服务和流通经济，改变原来的生产和消费方式。

（一）坚持生态价值理念为基本遵循

树立自然价值和自然资本的"绿色财富"价值观，自然生态是有价值的，保护自然就是增值自然价值和自然资本，就是保护和发展生产力。把保障生态系统健康摆在突出位置，把保障生态系统服务"零赤字"作为优先目标，努力实现国家生态服务价值随着国家财富的增长而保值、增值，实现由被动的生态治理到主动的生态修复，由严峻的生态赤字到丰裕的生态盈余的根本转变。

1. 生态价值的理论设定

罗尔斯顿的生态价值理论设定基于相互联系的两方面：一是生态系统是一个由自身所创造的整体，具有独立的系统价值；二是客观事物通过其内在属性获得自身的价值，罗尔斯顿称其为客观价值或创造性价值。作为生态系统的整体，在无限的创造活动中产生生命有机体，而作为一种具有内在属性的存在物，生命有机体则表现出独立的生态价值。

生态系统并没有绝对的灵魂或意识，它是一种更为质的形式，具有宏观意义，而生命有机体是在生态环境中产生出来的自然现象，具有微观意义。罗尔斯顿运用创造性这一概念表述其核心思想，认为创造性本身产生了自然万物；创造性本身也产生了自然价值。在他看来，自然价值是大自然中更为本源的价值，是第一性的东西，它要高于自然派生的人

的价值；大自然是生命的源泉和母体，也是一切自然形态的产生者和创造者，大自然才是一切价值的发源地；创造万物的生态系统本身就具有内在价值，是宇宙中最有价值的现象。①

2. 生态价值的理论导向

生态价值不仅丰富了价值理论体系，还可为建立自然资源与生态环境使用的代价系统，制定环境与发展政策，维护生态平衡提供科学依据。具体而言：

一是为满足人民群众日益增长的优美生态环境需要提供理论指导。不断满足人民群众日益增长的优美生态环境需要实质上就是要始终保持生态价值的极大化，并运用数学模型推导出可能实现的最佳值。

二是为人类社会发展统计体系提供方法论依据。人类社会的整体发展应该有一个包含生态价值的完整的统计指标体系。为此，构建"三生"（生产、生活、生态）指标体系，将社会发展综合指数定义为"三生"指标的加权求和，把体现生产发展、生活富裕和生态良好的战略目标、发展模式和衡量指标一体化。其中，只有以生态价值为理论基础，才能赋予生态良好科学的意义。

三是为人类进入"有组织增长"提供整体性协同发展观。在生态价值体系中，生态环境价值具有整体有用性、空间不可移性和区域消费共享性等特质，对区域性环境保护发挥重要理论导向效用。四是为推进人类现代文明进程提供保证。人类现代文明应该是物质文明、政治文明、精神文明、社会文明、生态文明的高度统一。只有实现了"三生"和谐的现代化国家才能为现代文明做出贡献，而现代文明的推进必须以高度重视与合理补偿生态价值为前提。

3. 生态价值的表现形式

生态价值可以表现为一般等价物——货币的形式，即价值的市场表现——价格。然而，对于部分生态价值，在时间、效用上可能不会立即体现，可能是间接的表现。这种间接表现是以消费者获得级差收入的形式体现出来。如长江上游地区的植树造林，除对当地的水土保持、环境质量改善有直接效用外，其创造的生态价值则通过长江流域人民从中获得各种级差收入而间接体现出来，具体表现在：保持水土，减少长江中下游泥沙淤积量，降低洪灾发生率及因此带来的巨大生态效益；提高水源质量，为各座沿江城市提供洁净的水源；提升全流域整体的环境质量，提供舒适的生活条件和优越的发展条件。由于级差收入是作为生态价值的等价物，消费者不能在享受生态环境使用价值时对生产者直接进行劳动补偿；又由于不发生生态环境价值所有权的转移，生产者亦无权要求消费者直接拿出生

---

① 陈也奔. 罗尔斯顿的生态价值观——一种自然主义的价值理论 [J]. 学习与探索, 2010 (05):
22-24.

态环境价值的等价物，因此国家需要制定合理的税收政策，把消费者因享受较好的生态环境使用价值而获得的级差收入纳入征税范围，并在征税后由中央或地方政府向生态环境使用价值的生产者给予劳动补偿。

4. 生态价值的实现路径

（1）舆论监督。坚持节约资源和保护环境的基本国策，加强生态价值理念、环境保护意识的宣传教育，增强社会公众对生态价值的全面认识。利用各种新闻媒介、自媒体等，发挥其强大的舆论监督作用，引导社会各界参与环境质量的监督和环境污染的治理，公开曝光各种环境违法行为。大力发挥群体性的环保非政府组织（NGO）的社会效用，把国家的环保法规、环境政策转化为全民的环保行动甚至生活方式，让每个人时时处处关注生态环境问题，从而在整体上让全民真正树立起生态价值理念和环境保护意识。

（2）立法支持。加快完善资源环境领域的法律、法规。政府制定经济贸易发展战略时，要充分考虑地区自然资源的存量流量和生态环境的承载能力。各地区在发展经济时，要切实重视生态环境效益，制定完善环保产业专项法律体系，推行环境保护目标责任制，加大环境影响评价制度的实施力度，确保环保部门的发言权和一票否决权；要严格控制有一定污染但国内确实需要并且有治理技术保障的项目引进，并且要求其执行母国环保标准，同时加快制定各项技术法规，阻止不符合我国环境卫生标准的外国产品进入我国市场；要切实加大涉外经济、贸易中的环境执法力度，以铁的手腕保证执法的严格和公正。

（3）道德关怀。自然生态和经济社会是一个有机联系的复合生态系统，把生态系统当作有效的经济系统来尊重，把大自然看成是与人类息息相关的生命共同体，使生态价值与经济价值和谐统一。自然生态的固有价值应当使其享有道德地位，获得道德关怀，成为道德顾客。生态伦理观把道德共同体从人扩大到"人—自然"系统，把道德对象的范围从人类扩展到大自然。人类开发利用自然资源的同时，须对生态环境系统予以道德关怀，生态环境越优美，越要慎重对待；生态环境越脆弱，越要慎重对待；自然资源越重要，越要节约集约利用。将生态道德与经济道德有机地结合起来，构建生态经济道德。

（二）科学运用生态经济学的理论方法

1. 生态资源资本化

生态资源指能为人类提供生态服务或生态承载能力的各类自然资源，它是生态系统的构成要素，是人类赖以生存的环境条件和社会经济发展的物质基础。

（1）价值论为生态资源的资本化提供了坚实的理论基础。自然界中任何生态资源都不是无限的，根据资源的紧缺程度，获得的难易度及付出的代价，生态资源具有一定的使用价值。它不仅包括利用该资源所可能得到的效益，即正价值；也包括储存这些资源时曾经付出过并且尚未得到补偿的代价，以及利用这些资源可能产生的消极环境影响，即负价值。① 生态资源不合理利用和浪费，必将导致生态环境破坏与生态资本存量减少，进而影响国家经济社会的可持续发展。"庇古税"、污染许可证和生态补偿等制度，没能真正解决环境污染问题，不能保证生态资源的可持续利用。只有将生态资源通过市场货币化，使其价值充分体现出来，才能有效地解决环境污染，实现生态资源的可持续利用。

（2）外部性理论为生态资源的资本化提供了可靠的现实依据。生态资源开发、利用、保护、管理中产生的外部性，主要体现在：一是资源开发利用造成生态环境破坏所形成的外部成本；二是生态环境保护管理所产生的外部效益。这些成本或效益在开发利用或保护管理中没有得到很好的体现，从而导致破坏生态环境的行为没有得到应有的惩罚，保护生态环境的效益被他人无偿享用，使得生态环境保护领域难以达到帕累托最优。外部性理论对生态环境问题的产生、演变以及解决有着极强的解释力，不仅与经济系统内各参与者的行为直接相关，还涉及人与自然的关系，特别是与生态环境的自然属性密切相关。

（3）国家政策为生态资源的资本化提供了现实的政策支撑。生态资源是一种公共产品，容易导致市场失灵，必须要有国家的宏观政策、财政政策和法律、法规为生态资源资本化提供现实政策支撑。一是国家对生态环境保护和生态资源的有效利用高度重视，为生态资源的资本化提供了宏观政策指导。二是政府不断完善有利于环境保护和资源节约的财政政策。如改革消费税、资源税、所得税以及出口退税制度；开征水资源费、矿产资源补偿费等；制定《节能产品政府采购实施意见》《环境标志产品政府采购实施意见》等；对开展资源综合利用与治污的企业给予财政补贴。三是制定与生态资源可持续利用有关的法律。如水土保持法、森林法、土地管理法、水法、草原法、环境保护法、固体废物污染环境防治法、环境噪声污染防治法、大气污染防治法、防沙治沙法、环境影响评价法等。

（4）生态资产为生态资源的资本化提供了实现的有效途径。生态资产是具有明确的所有权、且在一定技术经济条件下能够给所有者带来效益的稀缺自然资源。生态资本是一种"存量"，能产生未来收入流的生态资产，具有增值性。生态资源变成生态资产，进而成为生态资本需要一定条件。生态资源转化为生态资产的重要条件：稀缺性、产生效益和明晰的所有权。生态资产转化为生态资本是生态资源价值体现的最终结果。

生态资产是具有市场价值或交换价值的一种载体，更多地以形态转换来体现其价值并实现价值的增值。一种生态资源即使成为生态资产，但未必能变成可为其所有者带来收入流的生态资本。只有所有者实现自由有偿地转让生态资产，并能为其获得未来的收入流时，生态资产才会成为生态资本。简言之，生态资源并不能直接资本化，只有转化为生态

---

① 王如松，欧阳志云. 生态整合——人类可持续发展的科学方法 [J]. 科学通报，1996（S1）：47 -67.

资产，通过生态市场转化为生态资本，才能把价值货币化，在生态市场中真正地实现其价值。

2. 生态价值市场化

现代生态经济科学的发展使人们日益清醒地认识到，社会经济系统的正常运转说到底是以自然生态系统物质循环的动态平衡为基础的。一个生态系统不健康的世界，不可能有经济财富的稳定增长。因此，理性的人类社会应该与自然生态建立起一种互利共生关系。事实上，对环境的损害也就是对社会的损害。要克服环境损害，使经济发展趋向生态化，生态价值市场化就成了可供选择的重要途径之一。只有当生产要素市场的价格能够真正反映资源环境的经济——生态价值及其稀缺性，并具有较高水平时，资源环境才能被节约利用、有效保护。在发展生产要素市场时，首先要发展自然资源市场，再辅之以环境容量的市场分配，则有利于扭转生态环境恶化的趋势。生态价值是理论研究和政策实践的重要领域，充分体现与增加生态价值是破解资源环境约束、实现经济社会可持续发展的重要途径。但资源、环境、生态等要素的生态价值还面临产权界定不清、交易计价模式不完善、生态修复动力不足等问题。牢固树立生态价值理念，根据资源环境生态类型，遵循"界定产权、科学计价、更好地实现与增加生态价值"的总体思路，通过完善矿产资源权能结构、健全生态价值市场体系、实行生态修复等有针对性的措施，最大限度地实现生态价值，促进绿色发展。并且，不断探索拓展市场交易、政府与社会合作、政府公共性投入等实现生态价值的路径，提高发展的质量和效益。

第二节　生态安全理念与启示

生态安全是一种全球公共产品，怎样维护生态安全是非常复杂而综合的理论和现实问题。生态安全是生存安全、全球安全，其维护必须是包括各层级多行为体参与的全球生态治理、树立人类命运共同体为核心的全球生态价值观以及坚持体现整体公平的生态正义。

一、生态安全理念的内涵及特征

生态环境，关乎人民福祉，关乎发展质量，关乎改革成效，更关乎子孙后代的生存所需。将生态安全纳入国家安全体系，是推进国家治理体系和治理能力现代化、实现国家长治久安的迫切要求，对于促进经济社会可持续发展、加快生态文明建设具有重要意义和深远影响。

生态安全可定义为人类在生产、生活与健康等方面不受环境污染与生态破坏等影响的保障程度，包括饮用水与食物安全、空气质量与绿色环境等基本要素。生态安全研究的主要内容包括生态系统健康诊断、区域生态风险分析、景观安全格局、生态安全监测与预警以及生态安全管理、保障等方面。通常，功能正常的生态系统可称为健康系统，它是稳定的和可持续的，在时间上能够维持自身的组织结构，保持对胁迫的恢复力。反之，功能不完全或不正常的生态系统，即不健康的生态系统，其安全状况受到威胁。生态安全研究涉及不同尺度，如自然生态方面从个体、种群到生态系统，人类生态方面从个人、社区、地方到国家。保障生态安全是任何一个区域进行资源开发时必须遵循的原则，对生态脆弱区更有特殊的重要意义。总之，将生态安全提升到国家安全的高度，才能完成维护生态安全、建设生态文明、建设美丽家园的历史任务。

（一）生态安全理念的内涵

生态安全概念可以从正负两方面表述，正面表述是：干净的空气、清洁的水、肥沃的土壤、丰富多彩的生命、良好的生态结构、健全的生命维持系统、丰富的自然资源等，这些是人类健康生活、持续生存和永续发展的环境条件，是人类政治、经济、文化和社会发展的自然基础，其良好状态标志着人类的生态安全性。负面表述是：水、空气、土壤和生物受到污染；森林滥伐、草原荒漠化、水土流失、耕地减少、土壤退化、生态破坏；水源、能源和其他矿产资源严重短缺。生态安全问题在全球化背景下，以环境污染和生态破坏威胁人类生存的方式表现出来，成为全人类的共同问题，具有全球性；就国家而言，生态安全与国家生存和发展相关，成为国家安全的重大问题。环境污染和生态破坏是一定的生产方式和生活方式的不良后果，因此生态安全问题的解决需要在新的价值观指导下，发展新的生产方式和生活方式。显而易见，"保障四大生命系统（海洋生态系统、森林生态系统、草地生态系统、农田生态系统）和三大环境系统（大气、水源和其他资源）的安全性，就是保护支持地球生命、人类生存和社会经济发展的七大生态要素"[①]。

生态安全涉及自然和社会两方面，包括环境资源安全、生物和生态系统安全、自然与社会生态安全，与国家的政治安全、军事安全、领土安全、金融安全一样，是国家安全的重要组成部分，并且是非常基础性的部分，是其他安全的基础和载体。生态安全是指一个国家赖以生存和发展的生态环境处于不受或少受破坏与威胁的状态，指自然生态环境能够满足人类和群落的持续生存与发展需求，而不损害自然生态环境潜力的状态，具有健康的生态系统是生态安全的重要标志（结构安全）。生态安全也指人类在所有促进经济发展和社会进步的生产和其他活动中，必须遵循生态规律，节约集约利用资源，保持生态平衡，

---

① 余谋昌. 论生态安全的概念及其主要特点 [J]. 清华大学学报（哲学社会科学版），2004（02）：29-35.

避免生态破坏，从而使人类生命和健康处于没有任何威胁的自然和安全状态（功能安全）。生态安全的本质在于为人类可持续发展提供生态保障。

对生态安全的理解主要有以下几种：第一，从生态系统自身出发，强调生态系统的结构和功能以及生态过程，把系统自身的稳定与安全作为生态安全的核心；第二，从人类的需求出发，把生态系统的承载能力和对人类的服务功能作为生态安全的核心；第三，从人与自然和谐相处的角度出发，强调生态系统本身的安全与人类需求得到满足。

相应地，生态安全包括三层基本含义：一是生态系统安全。即生态系统自我维持、自我演替、自我调控、自我发展的生命演替过程和规律，尤其是在受到胁迫之后能够自我修复。二是生态系统修复和保护。通过生态系统动态管理，防止生态系统退化；通过增进生态资源资产，增强对可持续发展的支撑能力。三是生态风险管理。防止由于生态危机引发灾害，产生连锁反应，引起经济衰退、政治动荡，特别是造成大量生态难民，从而威胁到地区乃至国家安全。

总的来说，生态安全是指改善和优化人与自然、人与社会、人与人的关系，是建设人类社会整体生态治理机制和良好生态环境之总和，是实现人类安全和经济社会可持续发展的基础和保障。生态安全、生态治理和生态文明三者相辅相成、相互促进，是有机统一的整体。生态安全是基础，生态治理是手段，生态文明是最终目标。要实现生态安全和生态文明，必须采用资源节约、环境保护、生态创建、多元参与、良性互动的治理模式和治理路径。

（二）生态安全理念的特征

生态安全具有长期性、整体性、难可逆性甚至不可逆性以及滞后性、全球性等特性。

第一，长期性。通常情况下生态环境问题一旦形成，会在很长一段时间内发生作用，人们将需要长期为这一问题付出代价。

第二，整体性。生态安全问题的整体性同时也可以理解为局部影响性，即生态环境中的任何一个局部出了问题都可能对整个生态循环系统产生重大影响。

第三，难可逆性。生态安全具有难可逆性甚至不可逆性，对于有的生态破坏如水、大气、土壤等的污染在一定情况下是可以通过付出高昂代价的方式对其进行恢复的，但是对于像物种灭绝、化石类矿产资源耗竭这类的生态破坏则是不可逆性的。

第四，滞后性。生态安全问题的滞后性实际上是生态环境问题累加性的具体表现，生态问题通常是对生态环境一步一步地破坏渐渐产生的，各类生态问题在出现的过程中具有相互累加的特性，在这种累加的前期，生态安全受到破坏的迹象并不明显，当这种累加值达到一定的阈值之后，其危害将最终爆发出来。

第五，全球性。生态安全问题一旦发生将不仅仅是局部地区的问题，而有可能最终发展为全球性的生态安全问题，像臭氧层破坏、污染物迁移、气温升高、酸雨等都是全球性的体现，其他的生态环境问题如沙漠化、城市大气污染、流域性水体污染、草原退化、水土侵蚀等区域性生态安全问题，当其逐步扩展到全球时，则成为全球性生态安全问题。

二、生态安全理念对生态治理现代化的启示

生态就是资源，生态就是生产力。然而，大量的能源资源消耗、不断增加的农产品消费需求将对生态安全构成刚性压力。推进重点区域和重要生态系统保护与修复，全面提升各类生态系统的稳定性和服务功能，确保区域生态安全。

（一）生态安全是生态治理现代化的出发点与落脚点

生态安全既是人类在具体的生态治理实践中必须具有的理念和态度，又是人类发展所追寻的最终目标，生态治理是实现生态安全目标的重要手段和途径。

1. 划定好保障生态安全的红线、底线、上限

生态安全关乎经济发展、社会稳定、国民健康，更关乎国家长治久安、民族永续发展。伴随着经济下行压力加大，发展与保护的矛盾更加突出，区域生态环境分化趋势显现，部分地区生态系统稳定性和服务功能下降，统筹协调保护难度大，国际社会尤其是发达国家要求我国承担更多环境责任，新形势下我国生态安全呈现出复杂多变、风险加剧、危害加重、影响深远的态势。只有划定并严守生态保护红线，优化国土空间开发格局，改善和提高生态系统服务功能，强化生态空间管控，才能构建结构完整、功能稳定的生态安全格局，从而维护国家生态安全。

生态保护红线是生态安全的底线，在划定生态保护红线的基础上，进一步构建起以生态安全屏障以及大江大河重要水系为骨架、以国家重点生态功能区为支撑、以国家禁止开发区域为节点、以生态廊道和生物多样性保护网络为脉络的生态安全格局。在生态保护红线划定和管控过程中，以资源环境承载力为基础，重新认识和明确不同区域国土空间的功能定位，明确资源开发上限和生态保护红线，切实做到"应保尽保"，大力推动"多规合一"[①] 工作，把资源开发规划、城镇体系布局和生态环境保护规划落到一张图中，构建集约高效的生产空间、宜居适度的生活空间、山清水秀的生态空间，做到一张蓝图绘到底，

---

① "多规合一"是指在一级政府一级事权下，强化国民经济和社会发展规划、城乡规划、土地利用规划、环境保护、文物保护、林地与耕地保护、综合交通、水资源、文化与生态旅游资源、社会事业规划等各类规划的衔接，确保"多规"确定的保护性空间、开发边界、城市规模等重要空间参数一致，并在统一的空间信息平台上建立控制线体系，以实现优化空间布局、有效配置土地资源、提高政府空间管控水平和治理能力的目标。

不因决策者的变更而改变国土空间用途。特别是，以"两屏三带"①等关系国家生态安全的核心地区为重点开展生态修复治理，生态保护重点区域立足丰富的生态资源优势，制定符合生态功能定位的产业正面清单和不利于生态环境保护的产业负面清单，推动生态资源优势向经济优势转变，促进经济结构调整与转型升级，进而推动区域国民经济持续增长和民生持续改善。

2. 遵循人类文明演进与生态安全变化的规律

从产业—生态复合系统的视角，研究人类文明演进与生态安全变化的一般规律。现有相关研究在工业文明向生态文明演进的"质变"边界、如何克服人与自然"二元分立"理论的局限性、人类文明与生态安全的相互作用关系等方面尚有缺陷。为解决这些问题，根据人类文明史和共生理论，将产业系统与生态系统共生关系的已知类型拓展成完整的模式谱系，由此揭示人类文明与生态安全演化的本质属性：共生属性。并根据共生关系谱系分别推演出人类文明的产业属性、科学属性和生态安全属性等。

迄今，人类文明经历以下演进阶段：本色文明（原始文明、采猎文明、天然生物文明）；黄色文明（农业文明、人工生物文明）；黑色文明（传统工业文明、天然化学文明）；青色文明（新工业文明，包含人工化学文明、天然和人工物理文明）；绿色文明（生态文明、后工业文明，包含防病式和健康式绿色产业文明、天然和人工超生物文明）。其中，生态文明是从产业偏利共生向产业与生态互利共生演进的模式，它使生态安全达到稳定的健康状态，是一种比新工业文明更高级的文明形态。将以上成果在产业—生态二维共生空间中集成，构建出完整的人类文明与生态安全的椭圆演化模型。该模型深化和发展了环境库兹涅茨理论，为维护我国乃至全球生态安全提供理论依据。

（二）筑牢生态安全屏障是生态治理现代化的长远目标

发挥人类活动的能动性，扎扎实实推进生态环境保护，筑牢国家生态安全屏障。

1. 推进重点区域综合治理

重点区域综合治理必须遵循山水林田湖草是一个生命共同体的理念，按照生态系统的整体性、系统性以及内在规律，统筹自然生态各要素、山上山下、地上地下以及流域上下游，进行整体保护、系统修复和综合治理，增强生态系统循环能力，维护生态平衡。重点

---

① "两屏三带"是我国构筑的生态安全战略，指"青藏高原生态屏障""黄土高原-川滇生态屏障"和"东北森林带""北方防沙带""南方丘陵山地带"，从而形成一个整体绿色发展生态轮廓。

区域综合治理工程建设范围覆盖了我国淡水资源最重要的补给地"三江源"①，生态极度敏感和脆弱的石漠化、风沙源区域，涵盖了全球重要生物物种基因库、有"亚洲水塔"之称的青藏高原，是"两屏三带"国家生态安全屏障的重要组成部分，生态地位十分重要。

开展工程建设，既是建设国家生态安全屏障的迫切需要，又是改善当地生产生活条件、打赢脱贫攻坚战的必要支撑，这不但关系到工程区的经济社会发展，而且关系到民族团结、边疆稳定和社会和谐。充分认识开展重点区域综合治理的重要性，以高度负责的态度、更加坚定的决心，扎实有效地推进工程建设，以更大的成绩为我国生态文明建设做出贡献。做好重点区域综合治理工作，必须将筑牢生态安全屏障作为总目标，加大生态保护与修复工作力度，提高我国生态承载能力，全面提升自然生态系统稳定性和生态服务功能，维护国家生态安全。

2. 高度重视自然生态系统保护建设

自然生态系统保护建设是生态文明建设的重要基础性工作，必须从战略高度上予以足够重视。加强自然生态系统保护建设，从源头上扭转生态环境恶化趋势，是提供公共生态产品，创造可持续发展生态红利的战略性、长期性任务。特别是经济新常态下，通过保护和修复自然生态系统，让透支的生态休养生息，为经济转型升级创造更大的生态承载容量和生态资产保障，是保障国土生态安全的关键所在，是实现生态环境质量总体改善目标的治本之策。围绕支撑服务国家重大战略，规划和建设生态保护与建设重大工程，重点加强生态脆弱区的植被保护和生态重建，确保形成国土生态安全战略格局。主动适应"一带一路"倡议、构建对外开放型经济的需求，突出生态环保、防沙治沙、清洁能源开发、海洋生态保护等重点，加强"一带一路"国内部分的生态治理工作，大力发展绿色生态产业。主动关注"一带一路"沿线国家的利益关切，加强生态环境、生物多样性和应对气候变化的国际合作，优化生态条件保障，共建绿色丝绸之路。贯彻京津冀协同发展、长江经济带建设的战略部署，实施区域性生态保护与建设重大工程，抓好生态保护建设的区域合作，建设绿色集约发展的示范区。京津冀生态一体化要以水源保护林、风沙源治理等为重点，加强张承生态功能区建设，推进京津保中心区过渡带生态建设，实施严格保护，完善区域生态补偿机制，构筑京津冀生态环境共同体。长江经济带建设要加强流域湖泊水域生态系统保护建设，优化和强化生态功能，建设长江绿色生态走廊。

3. 加大生态安全监管力度

生态安全监管是一项庞大的系统工程，将生态安全纳入国家安全管理框架，有利于整

---

① 三江源地区位于我国青海省南部，平均海拔 3500～4800 米，是世界屋脊——青藏高原的腹地，为孕育中华民族、中南半岛悠久文明历史的世界著名江河：长江、黄河和澜沧江（国外称湄公河）的源头汇水区，被誉为"中华水塔"。

合资源开发利用、环境治理、生态保护等众多领域，协调各主管部门职责与利益，建立起分工明确、协调统一的国家生态治理体系，促进生态治理现代化。

（1）加强国家生态安全法治建设。法治建设是社会进步的重要标志，也是生态安全的必要保障。目前，我国生态立法缺乏系统性和完整性，仍然存在多头执法、选择性执法现象。加强国家生态安全的法治保障作用，一要加强立法工作。在现有各类法律法规基础上，立足国家生态安全需求，健全具有中国特色的国家生态安全法律支撑体系。二要加强执法工作。对于事关国家生态安全的重大事件，要开展多部门联合执法，做到不越雷池一步。三要完善民主监督制度。大力开展生态安全法治教育，培育广大干部群众的生态安全意识，积极主动地监督危害国家生态安全的行为，形成良好的生态法治环境。

（2）加快国家生态安全体制机制建设。中共中央、国务院出台了《生态文明体制改革总体方案》，为增强生态文明体制改革的系统性、整体性和协同性提供了重要遵循。为确保国家生态安全战略顺利实施，必须加强体制机制建设，整合相关的组织机构，明确各部门职责。国家层面要建立有效的监督考核与问责机制，确保国家生态安全战略实施的效果。各级党委和政府应对本辖区的生态安全状况负责，将国家生态安全工作纳入国民经济和社会发展规划，并且作为考核领导干部政绩的指标之一，对由于干部失职、渎职给国家造成重大损失和严重后果的，要依法追究责任。

（3）建立国家生态安全评估预警体系。保障国家生态安全离不开技术支撑。充分挖掘和运用大数据，综合采用空间分析、信息集成、"互联网+"等技术，构建国家生态安全综合数据库，通过对生态安全现状及动态的分析评估，预测未来国家生态安全情势及时空分布信息。在此基础上，建立国家生态安全的监测、预警系统，及时掌握国家生态安全的现状和变化趋势，建立警情评估、发布与应对平台，充分保障我国生态安全。

（4）设立国家生态安全保障重大工程。近年来，我国开展了一批重大生态保护与建设工程，取得了较为显著的成效。然而，部分工程建设在顶层设计上缺乏系统性和整体性，以"末端治理"为主，存在"头痛医头、脚痛医脚"的应急性特征。国家生态安全本身就是一项重大的系统性工程，必须在国家层面注重顶层设计。"要针对关键问题，整合现有各类重大工程，构建生态保护、经济发展和民生改善的协调联动机制，发挥人力、物力、资金使用的最大效率，实现生态安全效益的最大化。"①

4. 推进全球生态治理合作进程

发挥生态外交优势，着力维护生态安全。生态外交作为提升生态文明话语权的重要举措，担负着维护生态安全的重任。在维护生态安全层面，欧盟通过环境会议外交、环境组

---

① 高吉喜. 生态安全是国家安全的重要组成部分 [J]. 求是，2015（24）：2.

织外交、环境合作外交、环境条约外交等形式，实施生态外交政策，起到了良好的示范引领作用。环境会议外交上，欧盟积极推动国际环境谈判，注重把环境和生态问题提到有关发展政策的重要议事日程，为国家的生态安全提供国际政策保障。环境组织外交上，主动参与联合国政府间气候变化委员会、全球环境基金会等国际环保组织，注重谋求软权力制高点，为国家的生态安全提供国际组织保障。环境合作外交上，通过全球环境基金机制和清洁发展机制，加强对发展中国家环境保护的援助，为国家的生态安全提供国际环境保障。环境条约外交上，参与关于水、空气、废弃物等方面的国际条约的签订，积极承担起生态环境保护和治理责任，为国家的生态安全提供国际舆论保障。欧盟的多元化生态外交策略，为我国的生态外交工作提供了重要经验和借鉴。

推进国际协调机制建设，在全球生态治理中担当大任。从全球层面来看，对生态安全的关切点集中于气候变化和跨国大气污染等方面，可以在联合国等机构内设置专门机构，在国际法的框架里负责全球生态安全法规的制定和监督实施；可以借助联合国环境署、世界自然基金会等国际组织协调各国的生态安全争议问题。从地区层面来看，对生态安全的关切点更为广泛，包括水资源、矿产资源的争夺及水污染和大气污染的争议等，可以借助地区组织及国家间的对话磋商机制来协调生态安全问题。从我国实际情况出发，应引领"一带一路"沿线各国共建绿色丝绸之路。以生态农业、生态工业、生态旅游业等绿色经济为核心，以"一带一路"为契机，深化中国环保国际化。借此促进国际交流，提升环保实力，维护生态安全，彰显大国风采。

第三节　绿色发展理念与启示

绿色发展理念以人与自然和谐为价值取向，以绿色低碳循环为主要原则，以生态文明建设为基本抓手，旨在突出经济社会与资源环境的协调发展和人的全面发展。中国环境与发展国际合作委员会一直倡导的绿色发展，用较小的资源环境代价支撑经济社会可持续发展，将成为中国经济社会发展的主流和方向，将对引领经济新常态发挥重要作用。

一、绿色发展理念的内涵与特征

绿色发展理念是古今融合、东西交会的新的发展理念，既折射出中国古代天人合一、道法自然等生态智慧的朴素呈现，又反映出马克思主义生态思想和生态伦理与时代特征的有机结合。绿色发展是将生态文明建设融入经济、政治、文化、社会建设各方面和全过程的全新发展理念。

绿色发展理念已经成为实实在在的治国方略，切实融入经济、政治、文化、社会建设各方面和全过程。

（一）绿色发展理念的内涵

绿色发展是在环境容量和资源承载力的制约下，通过保护生态环境实现可持续发展的新型发展模式和生态发展理念。节约资源、保护环境、维系生态平衡是其内在的核心要义；实现经济社会、政治社会、人文社会和生态环境的可持续发展是其目标；通过绿色环境、绿色经济、绿色政治、绿色文化等实践活动的"生态化"，实现天人和谐、共生共荣的理想境界是其核心内容和发展途径。绿色发展理念，蕴含着绿色环境发展、绿色经济发展、绿色政治发展、绿色文化发展等既相互独立又相互依存、相互作用的诸多子系统。其中，绿色环境发展是绿色发展的自然前提；绿色经济发展是绿色发展的物质基础；绿色政治发展是绿色发展的制度保障；绿色文化发展是绿色发展内在的精神资源。

绿色发展的精神架构包括发展理念的时代转型、伦理道德的绿色重构和人文诉求的全面满足，其终极目标是构筑一个人与自然和谐共生的美好社会。概括而言，绿色发展是基于东方智慧的新文明发展之路，是从根源上探索人类与自然两大系统和谐发展的新思路，是一条以生态经济为基础的成本内化的文明之路，是一条从民间到政府、从经济到社会、从文化到政治的综合治理制度创新之路，是一条中国走向新常态、转型升级之路。狭义上，绿色发展是降低能源损耗，以绿色低碳循环为主要原则，发展低碳循环经济与技术，保护和治理生态环境，确保以人与自然和谐为价值取向，将环境保护作为实现可持续发展重要支柱的一种新型发展模式。广义上，绿色发展是集均衡、节约、低碳、清洁、循环、安全发展于一体的多维发展形式。绿色发展理念是对奢侈消费、资源低效高耗、污染高排放的经济发展方式的彻底否定，是科学发展的思想精髓，也是生态文化的时代内容与创新。

绿色发展的思想渊源主要来自中国传统文化的生态智慧、马克思主义自然辩证法和可持续发展理念。正是由于绿色发展追求人与自然和谐共荣的文化内涵，显示了中国转变发展方式，坚持走生产发展、生活富裕、生态良好的文明发展道路，从源头上扭转生态环境恶化趋势，形成节约资源、恢复生态和保护环境的空间格局、产业结构、生产方式、生活方式，为人民创造良好生产生活环境，为全球生态安全做出贡献。

从内涵来讲，绿色发展更具包容性，既探索解决可持续发展中所关注的人口和经济增长与粮食和资源供给之间的矛盾，又强调气候变化对人类社会的整体性危机。人类已经认识到气候变化影响的范围广和气候异常影响的不确定性强对所有国家都是潜在的威胁。总体而言，绿色发展就是要深入理解"经济—社会—自然"三者交互机制，通过机制设计实现三大系统间的正向交互机制，极力避免负向交互机制，进而实现绿色发展。其中，经济系统从"黑色增长"转向"绿色增长"；社会系统实现人民健康、社会和谐，提升绿色福利；自然系统由"生态赤字"转向"生态盈余"，积累绿色财富。实质上，绿色发展既不能单纯定义在"节约能源资源、保护生态环境"的内容上，也不能单纯过分简单地强调"碳排放交易"及"碳金融"，更不能在节能减排，实施低碳技术，搞清洁能源和保护环境的同时，又造成新的、更大的、更长期的生态破坏、环境污染和资源浪费。

绿色发展是可持续发展的升级版，是具有中国特色的可持续发展。绿色发展是当代国家经济社会健康的本质内核，是表征国家发展健康与否的"指示器"。绿色发展是指一个国家的生理代谢、运行机制和行为方式等建立在遵循自然规律、有利于保护地球生态环境的基础之上。国家发展不以降低环境承载能力、透支生态服务功能、危害人类健康和牺牲国民福祉为代价，而是生产、生活与生态的共生共赢。绿色发展主要体现为以绿色经济为特征的国民经济系统；以生态文明为主导的社会价值系统；以生态健康为标志的人类生命支持系统；以适应气候变化为核心的可持续发展能力建设系统。

绿色发展是以实现人与自然和谐共存、和谐共生、和谐共荣为目的的发展道路、发展体制、发展方式和发展目标的价值选择，是科学发展观的具体体现，是生态文明理念的基本内容，其核心是强调人与自然的和谐共处和永续发展。

（二）绿色发展理念的特征

为了经济、社会、生态的可持续发展，绿色发展要求在低消耗、低排放、低污染基础上，实现高效率、高效益、高循环（高碳汇）。

第一，人本化特征。绿色发展强调以人为本，经济增长要服从和服务于人的需要和发展，强调通过人与自然的和谐发展，更好地实现人类自身的健康发展。

第二，生态化特征。绿色发展要求建立回归自然的生产和生活方式，包括天然、优美、舒适的生活环境，安全健康的食品，绿色环保的家居、出行及自身的可持续发展等。

第三，合理化特征。绿色发展要求经济发展的速度、规模、结构、过程要合理，资源环境利用经济合理；要求经济社会发展全过程与自然和谐，与社会相容。

第四，节约化特征。绿色发展要求落实节约优先战略，促进生产、流通、分配和消费节约，全面实行资源能源利用总量控制、供需双向调节、差别化管理，强化资源的全面节约和高效利用，提升各类资源保障程度。

第五，高效化特征。绿色发展要求提高生产效率、经济效率、资源环境利用效率，绿色发展是效率最大化的发展。

第六，清洁化特征。绿色发展要求生产、流通、分配、消费全生命周期清洁化；要求在产品生产、加工、运输、消费全过程中，对人体、环境无损害或损害很小。

第七，低碳化特征。绿色发展强调社会经济发展的低碳化特征，使社会经济发展尽可能减少对碳基燃料的依赖，实现能源利用转型，减少温室气体排放。

第八，安全化特征。绿色发展要求经济安全、社会安全、资源安全、生态安全、环境安全，要求经济、社会与资源、生态环境风险可控。

第九，高科技化特征。通过大规模绿色技术的突破，要求加强科技创新能力建设和科技基础设施建设，进行第四次工业革命，重构经济过程，塑造崭新的绿色发展形态和模式。

第十，低成本化特征。绿色发展要求与社会经济发展平衡考虑当前需要和未来需要；要求与建设资源节约型和环境友好型社会相结合；要求降低经济转型成本、经济发展成本、资源环境利用成本；要求低成本转型，低成本发展；要求降低繁荣的代价，筑牢人类可持续发展的基础。

二、绿色发展理念对生态治理现代化的启示

绿色发展是一项系统工程，既需要党和政府坚持绿色执政和绿色行政，又需要企业承担社会责任，坚持清洁生产、循环发展、低碳发展和安全发展等绿色生产方式，更需要全社会倡导生态文化和生态理性，坚持绿色生活方式、绿色消费方式和绿色行为方式。依照生态逻辑，中国生态治理从新法律法规方面迈向绿色发展，从多元主体共治上着力绿色发展，从供给侧结构性改革上实现绿色发展。全面树立珍惜及合理利用自然资源、尽快制定资源能源补偿标准、避免资本统制力对生态的破坏、以科技手段来加速生态的修复及经济的发展，是中国乃至世界各国绿色发展的有效途径。绿色发展需要进行全方位的生产生活方式变革以及产业结构调整，要求政府转变职能和工作思路，企业采用节能减排新技术推进绿色生产，个人身体力行绿色生活方式。

（一）绿色发展理念蕴含生态治理与经济发展的辩证关系

如果说"绿色"更加凸显生态治理价值，而"发展"更加突出经济增长价值的话，那么将绿色发展作为一个价值定位、价值判断和价值追求，则为协调生态治理与经济发展的辩证关系提供了科学的价值观指导。绿色发展理念蕴含着生态治理与经济发展的辩证关系，突出表现为生态治理与经济发展是相互影响、相互作用和互为因果的"互动关系"。生态治理在带动经济发展方面有着极为重要的作用。经济活动的正常运转必须从生态环境中获取资源，使之成为生产资料和生活资料。绿色发展所达到的绿色经济增长的过程，就是将自然资源转变为产品促进经济发展的过程，也是努力避免在生产过程中自然资源变成

垃圾，导致环境污染、生态破坏，制约经济发展的过程。绿色发展将生态理性与经济理性有机地结合起来，使经济发展促进生态环境优化。可持续发展意味着经济发展不能只管当代人的利益，忽视代际发展。人类发展的历史就是生产力发展和社会财富积累的历史，尤其在进入近代工业社会以后，生产力和财富的发展进入了"快车道"。

然而，在经济繁荣的背后，人们往往过多地重视经济发展而忽视生态治理和环境保护。环境污染不仅威胁着当代经济、社会和环境的可持续发展，还将危及后代人的生存发展。环境污染、生态破坏、资源短缺等生态环境问题具有滞后性、累积性，其后果往往要经过几代人才能反映出来，这种不可逆的生态后果会损害后代人的权益。因此，人类需要事先尽可能充分地估计自身行为的后果，以对历史对子孙后代负责。随着我国经济规模的不断扩大，环境压力持续增加，生态环境问题日益凸显，协调经济发展与生态治理关系的难度越来越大，环境改善的迫切性与生态治理的长期性之间的矛盾更加尖锐。只有以最小的经济社会成本利用和保护资源、环境，实现经济发展速度与结构、质量、效益相统一，实现经济发展与人口、资源、环境相协调，加快走上低投入、低消耗、低污染、可循环的低碳高效发展的轨道，才能把生态环境问题引发的社会矛盾减少到最低限度，才能真正构建起资源节约型、环境友好型、人口均衡型和生态健康安全保障型社会，从而为经济社会发展提供良好的生态环境支撑。为此，我国需要确定合理的发展速度和发展目标，在生态治理与经济发展之间做出最佳战略选择，在提高经济效益的同时，兼顾生态环境，使经济增长速度有基本的数量界限，使生态环境向良性循环转变，使自然资源得到节约集约利用。

（二）绿色发展理念契合生态治理的现实诉求

绿色发展是建立在生态环境容量和资源承载力约束的条件下，以效率、和谐、持续为目标的经济增长和社会发展方式。山水林田湖是一个生命共同体，国土资源是生态环境的基本依托。只有全面节约和高效利用资源，加大节能减排力度，才能减少资源开发利用不当对生态环境的不利影响，提高区域生态环境容量和水土资源承载能力，实现绿色发展目标。

只有牢固树立绿色发展理念，加大生态治理力度，促进绿色产业发展，促进形成节能环保市场，引导绿色消费革命，才能真正实现绿色发展。推进绿色发展，有利于更好应对资源环境约束挑战，促进全面建成小康社会和生态文明建设，服务全球生态安全。

1. 绿色发展是全面推进生态文明建设的必然举措

生态文明建设，关系人民福祉，关乎民族未来。建设美丽中国是生态文明建设的应有之义，是新时期党执政兴国的重大使命。要想实现绿色发展，必须促进人与自然和谐共生、加快主体功能区建设、推动绿色低碳循环发展、全面节约和高效利用资源、加大生态治理力度、筑牢生态安全屏障。这些举措全面把握了生态文明建设的主攻方向和精准发力点，有助于打造科学合理的发展布局、构建系统完备的生态文明制度体系、建立绿色低碳循环发展的产业体系、培育绿色生活方式，有利于生态文明建设的决策部署落地实施、有序推进、同向驱动，从而开创生态文明建设新局面，使美丽中国建设取得更多成果和更大进展，由蓝图变为现实。

2. 绿色发展是构建全球生态安全格局的行动指引

放眼当今社会，生态问题国际化趋势日益明显。应对全球气候变化、开展全球生态治理、推动全球绿色发展、共创人类绿色家园，已经成为世界各国的统一行动，成为全球发展的必然趋势。新千年以来，各个国家更加积极追求绿色、低碳、可持续发展，绿色经济、低碳经济、循环经济蓬勃发展。2008 年国际金融危机爆发以来，发达国家为尽快提振经济，纷纷出台促进绿色产业发展的战略，加大资金支持、加强制度保障、加快绿色经济发展。美国将绿色转型上升为国家战略，瞄准高端制造、信息技术、低碳经济，发挥技术优势培育新的经济增长点；日本编制绿色发展战略总体规划；欧盟加快建立节能型、环保型、绿色型、创新型经济体系，积极出口绿色技术，抢占未来经济竞争的制高点。然而，一些国家为了保持竞争优势，试图增设绿色贸易壁垒，为全球生态安全增添了不稳定因素。作为当今世界最大的发展中国家、全球第二大经济体，我国必须主动适应生态全球化趋势，积极参与全球生态治理实践，走绿色发展道路。坚持绿色发展理念积极推动生态绿色外交和绿色国际合作，推进全球生态秩序和生态规则的变革与重构，促进全球生态治理体系的建立，促使全球绿色发展格局形成，提升全球生态安全水平，为建设绿色世界贡献智慧和力量。

（三）绿色发展理念创新了生态治理机制

绿色发展理念在多个方面创新了生态治理的体制机制，这些制度创新将有助于完善生态治理体系、改进生态治理方式、提升生态治理水平。

1. 创新生态治理协同机制

多年来，由于缺乏综合性的法律法规，没有统一的规划布局，不同地方在生态治理上各自为政、标准不一，往往只负责本行政区域内的生态治理、环境保护，导致地区生态治理出现"九龙治水""治而不愈"等问题。随着工业化、城镇化的快速推进，一个地方的资源需求增加、环境影响增大，并且土地、环保、水利等多个部门工作欠缺衔接性和协调性，致使地方产业发展、城市建设的无限需求与资源环境的有限供给之间出现难以调和的矛盾。绿色发展理念明确要求，各地区依据主体功能定位，以主体功能区规划为基础，统筹各类空间性规划，推进"多规合一"；根据资源环境承载力调节城市规模，依托山水地貌优化城市形态和功能，实施绿色规划、设计、施工标准；要以水定产、以水定城；实行省以下环保机构监测监察执法垂直管理制度；建立全国统一的实时在线环境监控系统；探索建立跨地区环保机构。这些举措创新了地区、区域、部门生态治理协同机制，将更加有效地解决生态治理难题。

2. 创新生态治理市场运作机制

长期以来，我国生态治理推行政府主导的工作机制。政府在资源配置中起决定性作用，组织制定和推动实施生态治理政策、计划，并负责生态治理投资和监管。不可否认，在特定的社会发展阶段和特定的历史条件下，这一工作机制是可行的、有效的。随着生态治理进入深水区、生态治理难度的明显加大，加之政府对资源要素配置效率不够高、生态治理的投资有限，使得单靠政府力量远不能有效推动生态治理事业发展，生态治理效率低下与公众对生态治理诉求之间失衡的问题逐渐显现。生态治理，看似是资源环境问题，其实是经济问题，既要更好发挥政府作用，也要更多借助市场力量，发挥市场在资源配置和生态治理资本运作中的优势，构建绿色产业、发展绿色经济。绿色发展理念提出，有序开放开采权，改革能源使用机制，形成有效竞争的市场机制；建立健全用能权、用水权、排污权、碳排放权初始分配制度，创新有偿使用、预算管理、投融资机制，培育和发展交易市场；发展绿色金融，设立绿色发展基金。这些举措将有助于完善生态治理市场机制，拓宽解决生态问题及发展生态事业的渠道，有效弥补政府主导机制的不足。

3. 创新生态治理考核评价机制

推动绿色发展，就要打造绿色主体。一是打造绿色政府。在规划发展战略时，政府要坚持和践行绿色发展理念。二是打造绿色企业，建设以绿色为主题的企业文化，实施绿色经营战略。三是打造绿色公民，普及生态文明观念，培养绿色思维方式。

绿色发展理念提出，对领导干部实行自然资源资产离任审计。从现实来看，它将有助于揭示领导干部任职期内是否实现自然资源的有序开发、节约集约利用，是否存在严重资源浪费、重大生态破坏等资源环境问题；有助于反映领导干部在自然资源资产开发利用、生态治理资金筹集及使用、重大建设项目实施过程中是否存在违规违纪问题。从长远来看，它将促使领导干部始终树立正确的政绩观，严守生态保护红线，坚持"在发展中保护、在保护中发展"；促使领导干部守法、守纪、守规、尽责，切实履行自然资源资产管理和生态环境保护责任，促进自然资源资产节约集约利用和生态环境安全。

（四）以绿色发展理念增进民生福祉

在绿色发展理念的引领下，将生态治理纳入国家治理体系，将绿色发展融入生态治理中，切实维护好人民群众的生态权益，增进民生福祉。

1. 营造绿色发展氛围，优化生态治理格局

以对人民群众、对子孙后代高度负责的态度，加强生态治理顶层设计，深化生态治理体制机制改革，全面建立产权清晰、多元参与、激励约束并重、系统完整的生态文明制度体系；划定生态保护红线，构建科学合理的城镇化格局、农业发展格局、生态安全格局、自然岸线格局，推动建立绿色低碳循环发展产业体系。加大对违背绿色发展理念的企业、公众的道德失范行为进行媒体曝光，加大对遵循绿色发展理念的先进行为的宣传力度，树立绿色发展典范。企业、民间环保组织、公民等要积极利用环境信息公开平台建言献策，形成加强、改进生态治理的建设性意见和建议。通过上述举措，形成政府引导、社会协同、公众参与的生态治理格局，建立起高水平、全覆盖、科学管理、有效运转的生态治理体系。

2. 培育绿色经济体系，增加生态产品供给

为人民提供优质生态产品，既是绿色发展理念的应有之义，也是中国特色社会主义生态文明建设的主旋律。只有发展绿色产业、绿色经济，才能实现绿色富国、绿色惠民。人民需要的生态产品，分为必需型和一般型两类。必需型生态产品，包括洁净的空气、干净的水、无公害的食品等。提供必需型生态产品，有赖于开展大气污染、水污染、土壤污染的综合治理，有赖于践行绿色生产生活方式。供给一般型生态产品，需要进行供给侧结构性改革，发展绿色经济。政府需从财政、税收等方面，加大对绿色发展新业态的扶持力度。顺应科技革命和产业变革趋势，扎实推进传统产业改造升级，加快推动行业、产业实现绿色清洁生产。将大数据、人工智能、移动互联网、云计算等高新技术与传统产业紧密结合，以财政贴息、研发补助、专项资金扶持等方式鼓励发展绿色产业大数据库、绿色产业智库，打造绿色低碳循环产业体系和智能消费体系，推进产业发展绿色化和智能化。

3. 创设绿色发展环境，建设人类绿色家园

首先，从全球视角和战略高度，坚持共同但有区别的责任原则、公平原则、各自能力原则，积极参与全球生态治理，主动承担与我国基本国情、发展阶段和实际能力相符的国际义务，做出生态治理国家自主贡献。

其次，积极参与应对全球气候变化谈判，加强与国际绿色经济协会、世界自然保护联盟等机构或组织在全球生态治理等方面的交流合作，推动创新全球和国家层面的生态治理体制和机制，构建和完善公平合理的国际生态治理规则，形成合作共赢的全球生态治理体系，共同打造绿色发展命运共同体。

再次，着力搭建地区性、全球性生态治理互动平台，开展科学技术交流、政策对话和项目实施等领域的国际合作，合理引进发达国家绿色技术装备和服务模式，借鉴其在绿色产业设计、运营、管理等方面的先进经验，发展具有中国特色的绿色经济，打造具有国际竞争力的绿色产业链、价值链，在绿色发展的国际环境下全面提升绿色发展能力。

总之，绿色发展追求的不是经济社会单向度的发展，而是人、自然生态、经济社会的协同发展。推进绿色发展，提升生态治理能力，必须毫不动摇坚持节约资源和保护环境的基本国策，坚定走生产发展、生活富裕、生态良好的文明发展道路，着力构建资源节约型、环境友好型社会，开创中国特色社会主义生态文明的新时代！

第四节　生态治理现代化的新方法及模式

一、生态治理现代化的新方法

中国基于创新的生态治理理念，取得了一系列生态治理成效。作为后发现代化国家和社会主义国家，中国创造了历史上最大规模的生态民生福祉，使得美丽中国建设的目标取得了阶段性进展。中国生态治理现代化立足于辩证唯物主义和历史唯物主义世界观和方法论，进一步推进了方法论的创新与发展。

（一）以人民为中心：坚持"生态惠民、生态利民、生态为民"

新时代以来，社会主要矛盾发生了变化，随着社会生产力水平的提高，人们需要更宜居的生态环境和更优质的生态产品。解决好人民日益增长的绿色需求问题，同时满足人民"盼环保"和"求生态"的绿色发展需求，是坚持以人民为中心方法论的重要体现。

首先，重视人民群众的生态权益，实现生态惠民。生态环境是人类最好的资源禀赋，也是关乎未来最核心的竞争力，保护环境就是保护人民的根本利益。实现中华民族的永续发展，必须从中华民族的长远利益出发，只有保护生态环境这个人类生存之根本，方能给予子孙后代公平的生存发展机会。在鼓励人民履行保护生态环境的义务之时，也应保障人民的生态权益，即人类占有、享用从自然中获取利益的权利。人民拥有生态文明建设中的监督权、表达权、参与权，可以同一切损害人民群众生态权益的行为做斗争。

其次，推进人民群众的生态富裕，实现生态利民。习近平坚持将经济富裕与生态富足进行有机结合，强调应利用好生态环境这个公共产品，实现民生发展。与西方破坏生态的利己主义者不同，我们在尊重自然、保护生态的前提下，化生态优势为经济优势。一方面推动生态产业化发展，即用产业发展规律有序进行生态建设，将生态优势转变为产业优势，促使生态资源合理使用，实现经济效益与生态效益相统一。另一方面，具有特色的生态资源地区可以充分发挥其生态优势，通过大力发展生态农业、生态旅游业，带动人民群众发展，走向富民利民的生态富裕之路。

最后，确保人民群众的生态安全，实现生态为民。新时代，人民对于美好生活的需要同样体现在生态上，尤其是对环境宜居、饮食健康的良好生产生活环境的渴望，已成为人类关乎生存的第一需要。生态问题无疑是民生发展的重要问题，中国共产党始终坚持以人为本、执政为民，一切从人民的利益出发，推进智慧城市、绿色社区的建设，坚持退耕还林、退湖还草等治理举措，完善生态预警机制和监督机制，保障人民群众的生态安全，让人民实现安居乐业。

（二）"两点论"与"重点论"经济发展与生态治理相结合

"两点论"体现为经济发展和生态治理是辩证统一的关系，经济发展和生态治理两手都要抓。良好生态环境既是我们生存的物质基础，也是经济发展的前提。生态治理和经济发展的辩证关系体现着"绿水青山"和"金山银山"之间的关系。如果罔顾生态环境走下坡路而一味地追求经济发展，必将会引发严重的生态危机。通过生态治理可以促进经济发展，但过度的环境保护也可能阻碍经济发展。只有处理好生态治理和经济发展二者的关系，才能赢得"绿水青山"和"金山银山"。

"重点论"体现为兼顾经济发展与生态环境治理并不意味两者是平等关系，生态环境是矛盾的主要方面，处于优先地位。坚持保护环境优先，就是在守护好治理好"绿水青山"的基础上创造"金山银山"。这要求我们决不能以牺牲环境为代价换取经济利益，因争取眼前的利益而放弃长远利益。在不阻碍经济发展的情况下，划定生态保护红线，才能在保护中求发展。

坚持"两点论"与"重点论"的统一，需要不断促进经济发展与生态环境相互转化。绿色发展是构建高质量现代化经济体系的必然要求，是解决污染问题的根本之策。提升生态治理能力，重点在于调整经济结构和能源结构，将经济结构调整与绿色生产生活方式相结合，减少经济生产中物质变换过程的损耗，创造高效的经济效益，推进经济发展和生态环境治理协同共进。

（三）系统方法："全方位、全地域、全过程"的生态治理

系统思维是辩证唯物主义的具体思维体现。党的二十大报告中指出，"坚持山水林田湖草沙一体化保护和系统治理，全方位、全地域、全过程加强生态环境保护"，体现了生态治理中系统方法论的运用。

第一，全方位加强生态治理。生态危机的全球性爆发深刻影响了自然根基，在人类生

态命运的转折点上，习近平站在"全人类共同价值"的角度，率先提出构筑"山水林田湖草的生命共同体""人与自然是生命共同体"等理念，强调要用整体系统观正视自然生态，把自然看作一个整体进行部署，整体中各个要素相互依存、相互影响。自然界作为一个有机的整体，其内部要素互相承载着各自"命脉"，任何一个割裂出来都不能实现可持续发展。全方位生态治理旨在坚持综合治理思路，实现统筹协同全域治理，它要求我们树立大局观，算长远、整体、综合账，从而实现生产、生活以及生态的统一。生命共同体的提出，是从系统工程和全局角度寻求新的治理之道，更是"推进建设美丽中国"的重要方法。

第二，全地域加强生态治理。宏观上科学开展大规模国土绿化行动，生态文明建设的空间载体理应严控其开发强度，优化其空间结构，让生态空间、生产空间、生活空间合理分配，给后代创造美好家园。微观上推行草原森林河流湖泊湿地休养生息，实施好长江十年禁渔，加强自然保护区建设，还以生态空间的本真性、完整性，在城乡、区域和流域方面实行生态文明全地域治理。

第三，全过程加强生态治理。构建生态治理机制，加强源头治理、过程控制、后果惩罚的全周期管理。一是找出生态环境问题的症结，开展源头修复治理并建立相关制度法规。二是过程中实施严管，对污染物实施全过程监管，构建风险预警、防范和治理体系。三是注重后果惩罚机制以形成警戒，对违法问题严惩不贷。在工业、农业的全过程中加强生态治理，竭力减少过程中造成的环境污染、资源浪费和生物多样性破坏问题。

二、生态治理现代化的新模式

中国生态治理在不断探索中取得了一系列治理成效，秉持创新、协调、绿色、开放、共享的新发展理念，构建了生态治理新模式，擘画出美丽中国的生态图景。

（一）行动指向：建设"美丽中国"目标稳步推进

中国正全面开启建设人与自然和谐共生的现代化，承诺在 2030 年完成碳达峰，2060年实现碳中和，为建设美丽世界践行中国行动。自生态治理理念提出以来，中国的生态环境质量显著提高，治理能力得到了有效提升，2022 年北京冬奥会"绿色冬奥"的成功实践更是展示了中国的生态名片，进一步推进了"美丽中国"建设的生态蓝图。

1. 生态环境质量显著提高

中国生态环境保护历程从"三废治理"到重点污染城市治理，再到"三河二湖二区一市一海"，从三大行动计划到污染防治攻坚战，再到提出建设美丽中国的目标。中国在生态保护发展中取得了一系列治理成效，污染物总量逐步削减，环境质量逐步改善。生态永续发展成效初步体现，生态环境的质量显著提高，大幅提升了人民对于美好生活环境的幸福度，初步实现了蓝天碧水净土的美好愿景。

2. 生态环境治理能力有效提升

随着生态文明的"四梁八柱"制度体系逐步健全，生态环境的治理能力稳步提升。数字经济时代下，中国利用网络和新媒体平台开通了反映和表达问题的公众渠道，加大了信息公开的透明度。通过对环保工作及其成效进行公示，推动了各项举措落实落地，将生态保护和生态修复摆到了更高位置。通过开展大规模国土绿化行动、重点关注长江黄河流域等措施，打响了"蓝天保卫战""污水防治战"，极大地推进了生态治理问题的解决，提高了生态环境治理能力现代化水平。

3. 绿色冬奥硬核彰显中国生态名片

在 2022 年举办的北京冬奥会中，中国以实际行动向世界展现了"绿色冬奥"的可持续发展理念和建设美丽中国的坚强决心，冬奥会全部场馆达到绿色建筑标准，将"水立方"化身为"冰立方"，采用节能与清洁能源车辆保障运输，场馆一律使用绿电供应。在坚持"绿色办奥"过程中，中国坚持"冰天雪地"也是"金山银山"理念。一方面，北京冬奥会积极推动低碳技术和低碳能源应用；另一方面通过 2008 北京奥运会场馆遗产使用，避免重建和大肆消耗能源，从源头减少对环境的影响与消耗。北京冬奥会的"北京蓝"得到国际国内社会的一致好评，创造了特大城市污染治理的奇迹，这既是中华文明对奥林匹克精神的生动诠释，也是生态治理思想在北京冬奥会的深入实践。

（二）制度保障：建立"四梁八柱"的生态制度模式

随着生态文明理论的丰富，结合实践中取得的成就，生态治理现代化对生态制度提出了发展创新要求。这意味着制度建设需要建立起生态制度的"四梁八柱"，彰显生态红线、自然资源有偿、生态补偿三位一体的制度优势，为生态文明制度创新注入生机和活力。

1. 划定"生态红线"的严格生态保护制度

红线作为保护人类生存与发展的"生命线"，具有不可僭越的威慑性。生态红线的划定是中国生态安全的重要保障，是生态环境保护领域的制度创新，是在坚持底线思维前提下创立的生态保护制度。面对我国生态环境的严峻形势，筑牢生态红线是生态文明治理的重要方案，主要包括三方面：

一是利用科学技术评估红线范围，形成与区域协调相对应的创新。以环境最大承载力为基准，对生态环境敏感脆弱地带进行划分，严控红线内部的人类活动，避免红线划定与区域规划交叉重叠形成冲突，防止过度经济建设和过度环境保护的极端现象。

二是对生态红线保护利益补偿机制的创新。以保护红线范围内原住民的利益为前提，采用生态移民、直接补偿等方式，协调好红线内外、个体与公共的利益平衡。

三是坚持整体思维和底线思维，以整体性的生态管理模式避免部门职责分散化，对生态保护设定最低限度，力求解决人类需求和环境现实之间的矛盾。

2. 落实全民所有的自然资源有偿使用制度

生态文明遵循"人道主义"和"自然主义"相统一的目标旨向，在追求经济利益的同时兼顾生态效益，将保护自然资源的意识觉醒转化为全民所有的自然资源有偿使用制度优势，形成人与自然和谐共生的现代化发展逻辑。

一是自然资源发展与保护并重的辩证思维方式。技术理性的胜利使自然处于任人宰割的境地，需要对自然资源采取"保护优先"的策略以恢复人与自然平等的地位。要打破思维定式，阐明以"绿水青山"为代价换"金山银山"的发展策略不可持续。

二是将自然资源所有权与使用权分离以增强保护自然资源的意识自觉。我国法律规定自然资源归全民所有，自然资源的产权分离使责任主体更加明晰，资源使用者在开发、利用自然资源的过程中要强化保护自然资源的责任意识，更加注重从生态维度反思自己攫取自然资源的活动方式和手段。

三是以有效市场和有为政府的二元联动为保障。充分发挥市场决定资源配置、政府完善相关法律法规加强市场监管，改善由低成本使用自然资源而引发的浪费、过度开采等生态外部负效应。

3. 扎实落实生态保护补偿制度

"生态兴"与"文明兴"具有相互促进的作用，而过度消费自然资源导致的生态容量高负荷，抑制了自然界的再生能力。为避免人类文明陷入"失之难存"的窘境，构建生态文明新形态是文明永续发展的历史必然。扎实落实生态保护补偿制度彰显了中国关于自然界生命性质和生态意蕴的态度，是促进呈现"主客二分"工具理性景观的工业文明向高扬生态理性的生态文明转向的必然举措。具体来讲，生态补偿制度主要包括三方面：

一是明晰补偿主体与受偿主体。自然界是全社会共同的财富，生态问题往往涉及政府、企业、社会组织等多个主体，量化主体责任和受益者权益为生态补偿改革落到实处提供了发展空间。同时，权责明确、监督问责的运转方式有助于激发社会生态意识自觉、增强生态主动性。

二是分类补偿、综合补偿协同推进，对国家划定的关乎生态安全重点功能区予以政策倾斜、适度加大补偿资金投入力度，助推人与自然良性互动与发展。

三是践行由政府主导、市场机制联动、社会有序参与的多元生态补偿实践，政府、市场、社会多方联动助推人与自然双方互惠，彰显人与自然结成生命共同体观念的系统思维和整体观。

（三）绿色发展：坚持"可持续发展"的生态经济模式

当今世界面临的生态挑战迫使我们必须从工业文明"大量生产、大量消费、大量废弃"的线性经济转向绿色、循环、低碳的"可持续发展"经济模式，不断创新绿色技术发展方式，确保经济发展与生态保护辩证统一。

1. 坚持"生态就是经济"的绿色生产方式

绿色生产方式要求改变传统工业化生产方式，以实现经济模式的生态化转变，将生态要素逐渐融入经济生产领域。利用好循环经济与低碳经济发展战略，为实现可持续发展的目标确立了清晰合理的绿色生产方式。

一是坚持循环经济，由传统单向度的经济发展模式转向"资源—产品—再生资源"的循环反馈式发展，促进资源循环利用以达到经济与生态双赢的目标。循环经济强调生产过程中资源的再生循环利用，提出工业生产中的"绿色供应链"模式并构建企业之间的"生态产业链"以促进生产循环。

二是坚持低碳经济。绿色生产方式在全球气候变暖的大背景下具有低耗低排、再生再用的优势，成为国际共识。中国作为发展中国家，工业化和城市化的发展使温室气体排放居于世界前列。从过去的煤炭钢铁类高碳能源大量使用到可再生能源的开发利用，我国正处于能源结构转型关键期，"低碳城市""低碳校园""低碳交通"等词汇不断映入眼帘，可降解塑料袋、共享单车、新能源汽车成为低碳经济的发展成果。总体而言，循环经济、低碳经济助推中国朝着"双碳"目标稳步前进，为实现绿色转型、高质量发展助力。

2. 构建以市场为导向的绿色技术创新体系

科学技术的飞速发展推动了社会文明的进步，绿色科技作为新兴领域成为兼顾经济效益与生态效益发展的重要动力，绿色技术也日益成为推进国家生态文明建设的重要支撑。绿色技术最初被称为"末端治理技术"，用于污染治理，其理念要求注重源头治理和过程控制。

在数字经济时代下，数字技术发展日新月异，也将绿色能源与人工智能融合起来，体现绿色技术的创新性与先进性。互联网、大数据、云计算等信息手段的出现，为生态环境监测、生态治理、能源转化提供了契机。例如，农业中的生态节水技术融合人工神经网络和数据通信技术打造精准灌溉系统，实现快速检测和精量控制；创新清洁能源生产技术使用自然能源代替矿产能源；光热发电、海上风电等技术强劲增长，实现自然资源内部优势互补，构成优化的清洁能源体系。随着科学技术在绿色发展中的投入，市场环境不断优化。以绿色创新为动力促使各类能源技术创新转化，实现了资源良性循环和永续利用。

（四）协同治理：实现"生态善治"的生态共治模式

社会是一个有机整体，只有保证系统内各部分有机结合，才能促进社会良性运行与协调发展。整体性视域下的生态文明治理需要"坚持问题导向，聚焦我国社会主要矛盾的转化，形成面向人民之治的国家善治"①，实现环境从"被治"到"共治"的有效转型。

1. 超越"单维治理"的多元主体协同治理

过去我国生态环境治理中存在着"九龙治水"的沉疴旧疾。生态治理现代化主张摒弃"画地为牢"做法，树立整体协同治理理念。传统生态环境治理的单维模式，即运用政府权威对环境控制管理的模式，已经逐渐式微。生态环境特性也决定了政府、企业、民众等多元主体协同治理的必然性。其中，政府由过去主要采用"命令—控制型"方式逐渐转变为采用"激励—诱导型"方式，发挥主导作用；企业需要加强源头自治、过程自治，实现经济效益和环境发展相统一；在开放性的公共治理平台中，需要畅通社会群体共同参与社会协同治理的渠道，以便社会公众广泛参与。由此，政府、企业、社会组织及公众发挥各自优势和特色，建立起多元主体协同发展的自发性、内源性的良性生态秩序。

我国正处于生态环境治理的关键期，在"十四五"规划的起步之年，生态治理现代化更需要持续创新，以破解环境难题，打通智慧政府和理性公众之间的沟通渠道，有效利用活力市场，提升生态环境治理能力和治理水平。明晰政府、企业、公众等各类主体权责，畅通参与渠道，形成全社会共同推进环境治理的良好格局，以实现生态治理效能最大化。

2. 打破"信息瓶颈"实现治理信息共享模式

数字经济时代下，更应充分利用互联网等信息平台实现生态治理，开通反映和表达问题的公众渠道，加大信息公开的透明度，对环保工作的开展与成效进行公示，推动各项举措落实落地。

一是要突破社会信息单一局限，实现社会生态治理资源精准调配。传统社会生态治理存在部门之间、区域之间信息不畅等问题，现代社会生态治理能够利用万物互联的技术优势，打通各部门、各单位之间信息壁垒，实现社会生态治理资源合理调配，避免出现分段治理、多头治理困境。

二是要突破传统社会生态管理模式，实现社会生态立体化治理。通过创新生态信息共享方法，建立多元共生生态治理信息传播路径，实现不同区域之间信息实时共享，同一区域实现统一监测和信息发布，形成生态共建共享理念。

三是实现生态信息"微"传播，打造贴近生态治理实际的信息共享模式。通过建构多

---

① 陈进华. 治理体系现代化的国家逻辑 [J]. 中国社会科学，2019（05）：23-39+205.

元互动的交流平台，对错误的生态治理信息进行及时批判，澄清事实真相，确保信息准确性。生态信息治理模式不是突破党领导的"无政府"的自由治理模式，而是对党和政府生态治理模式的创新，是在党和政府统一领导下，各个地域实现资源、信息等共建共享的发展状态，将人工智能与大数据、云计算等资源相结合，使社会生态治理更加科学化。

中国生态治理现代化摒弃了资本逻辑下西方国家生态治理模式的不合理性，选择从历史出发看生态发展与文明兴衰，从现实状况厘清经济发展与环境保护的辩证关系，从未来发展理解人与自然和解，从人类共同价值出发贡献了中国方案。与此同时，中国生态治理现代化创新并发展了以人民为中心，"两点论"与"重点论"相统一、系统整体的方法论，构建了从法律制度、经济发展、公共治理等视域的新模式。当前，全球性生态危机促使各国打破"博弈困境"，中国率先向世界证明，作为后发展国家也能进行生态文明建设，走人与自然和谐共生的现代化道路。在全球生态治理中，中国立足本国国情，贡献了整体系统的和谐共生思想，提出了全球互利共赢的可持续发展观，向世界其他国家提供了可借鉴的中国方案。未来的中国将始终在逆境中求发展，在反思与自省中持续创新，促使经济发展和生态发展和谐共生共存，秉持人类命运共同体理念，坚守和平、发展、公平、正义、民主、自由的全人类共同价值，摒弃意识形态偏见，推动构建公平合理、合作共赢的全球环境治理体系，在全球生态治理中持续做出中国贡献。

第七章　我国生态文明建设的协同治理体系研究

第一节　生态文明建设的内在要求：协同治理体系

由主体协同和过程协同构成的生态文明建设协同治理体系，不仅是借鉴多中心治理理论、协同学和系统论的结果，也是生态系统和生态文明建设本身对协同治理体系的内在要求。

一、协同治理的内涵及其特点

（一）协同治理的内涵阐释

协同治理在中文里是由"协同"和"治理"两个词组成。协同是协作同步的意思，是基于地位平等基础上的协作同步，而不是基于依附关系的服从配合。治理则是政府和社会实现合作以有效地处理公共事务的过程。在此意义上，协同治理是指政府主体、市场主体和社会主体相互协调、共同作用，在有效处理公共事务的过程中实现协同的过程。

协同不是协商，协同治理不同于公共协商。协商强调"在多元社会现实的背景下，通过普通的公民参与，就决策和立法达成共识，其核心要素是协商与共识"①。协同的核心要素则是步调一致的行动。由此可见，协同治理与公共协商都具有参与者的多元性、平等性等特点，但其内涵有差异。公共协商仅仅在于通过沟通达成共识，协同治理则偏重于在达成共识的基础上采取行动，达到理想的结果。公共协商倾向于民主商讨，协同治理倾向于集体行动。

协同不等同于合作，协同治理不同于合作治理。它既不是一般意义上的合作，也不是简单意义上的协调，而是一种比协调和合作在程度上具有更高层次的集体行动。

（二）协同治理的主要特点

协同治理具有不同于合作治理等其他治理方式的四个特点，即主体资格的多元平等、

---

①　陈家刚. 协商民主：概念、要素与价值 [J]. 中共天津市委党校学报，2005（03）：54-60.

权力运行的多维互动、自组织行为的能动互补、系统机制的动态适应。

1. 主体资格多元平等

治理意味着改变以往的统治方式，即改变以往以单一主体为中心的公共事务处理方式，在西方表现为改变以市场为中心的公共事务处理方式，在中国表现为改变以政府为中心的公共事务处理方式，建立政府主体、市场主体、社会主体共同参与的公共事务处理方式。治理意味着"市场万能"论和"政府万能"论的破灭，意味着多元主体的参与。协同不是一方对另一方的"控制"，处于协同过程中的各方主体不存在依附关系；也不是各方自行其是、非此即彼的完全彻底"竞争"，处于协同过程中的各方主体存在着行动上的配合与协作。协同是"控制"与"竞争"的整合，是各方主体地位平等基础上的配合与协作。协同治理意味着地位平等的多元主体共同实现对公共事务的处理。

2. 权力运行多维互动

协同治理的过程是公共事务得以有效处理的过程，也是公共事务处理的权力有效运行的过程。权力的运行是以公共事务的处理为载体、在协同治理过程中各主体之间形成的一种支配力。由于各主体之间不存在一方对另一方的"控制"，以及各主体在地位上存在的平等关系，因而协同治理中各主体之间的支配力不存在"强制"，而是基于有效处理公共事务的需要而形成的一种支配力，权力运行所指向的客体则是基于认同和对公共事务的使命感而形成对支配力的服从。在此意义上，协同治理过程中的权力是一种柔性的权力，是基于处理公共事务的客观需要、基于认同而形成的支配力。在政府主体、市场主体、社会主体对公共事务进行协同治理的过程中，在不同的处理阶段，不同的主体都会对其他主体形成某种需要，而不同主体共同存在的事实和共同处理公共事务的事实则表明不同主体对其他主体的认同，这在客观上形成了协同治理过程中的某一主体对其他主体的支配力，具体说来就是：政府主体拥有对于市场主体和社会主体的支配力；市场主体拥有对于政府主体和社会主体的支配力；社会主体拥有对于政府主体和市场主体的支配力。在现实中，政府的支配力源于其强制力，同时市场主体和社会主体对政府主体的支配力来源于政府的合法性需求，并且市场主体和社会主体很好地利用了这一需求，如通过环境群体性事件来迫使政府主体按照自己的意志做出行为。这样，在客观上形成了协同治理权力的多维互动。

3. 自组织行为能动互补

毫无疑问，由政府主体、市场主体、社会主体对社会公共事务进行协同处理也不可避免地需要一个"指挥"，不可避免地涉及谁主导、谁处于支配地位、谁对谁行使权力的问题。然而，现实中处于协同治理过程中的各方主体不存在依附关系，是平等的关系，不可能产生支配关系。这样就产生了一个悖论，即公共事务处理过程中各主体地位的不平等与理论上的平等共存。协同治理理论必须有效处理这一问题才能实现从以单一主体为中心到多元主体平等参与的转变，才能避免"政府万能"和"市场万能"的狂热，避免"政府失灵"和"市场失灵"的沮丧。协同治理理论处理这一悖论的方式在于：通过政府主体、市场主体、社会主体之间的自组织行为来实现对公共事务的处理。

也就是说，在公共事务协同治理的过程中，事先并没有规定哪一个主体处于支配的地位，承担"指挥"的职能，而出于有效处理公共事务的需要，在不同的时间、不同的处理阶段由不同的主体来承担"指挥"的职能，而其他的主体也因此而服从该主体在此阶段的"指挥"职能。在此过程中，任一主体的支配地位都是临时的，因而支配性权力也就失去了以往的魅力。各主体在某一阶段行使这一权利只是一种主动承担公共事务处理责任的行为，而其他主体的服从与配合则是一种互补性的行为。政府主体、市场主体、社会主体在协同治理过程中通过自组织的能动互补，有效地解决了平等与权力的悖论问题，进而有效地处理了公共事务问题。

4. 系统机制动态适应

如果说公共事务协同治理是一个系统，那么从治理主体的角度来看，这个系统包括政府主体子系统、市场主体子系统和社会主体子系统。不同的子系统之间的地位是平等的，同时也服从协同学的伺服原理，即快变量服从慢变量，微观变量服从宏观变量。这是由变量所处的位置决定的，而且这种服从关系是由一系列系统机制来实现的。并且，在同等级的变量之间，其虽然不服从伺服原理，但也有一系列相关机制将它们联系起来，使它们在行动上协同起来。这些机制主要包括联系政府主体与市场主体、社会主体的政府购买服务机制；促进相关主体能力发展的环保 NGO 投入机制、社会力量引导机制；协调不同主体之间关系的主体诉求表达机制、权益保障机制、利益协调机制、矛盾调处机制等。这些系统机制不仅联系着不同的治理主体，贯穿于整个协同治理过程之中，而且相互之间也有着不同程度的关联性。当某一系统机制随着环境发生变化时，其他与之联系的系统机制也会发生变化，进而整个系统的机制也会自动进行调整。这样，协同治理过程中的整个系统机制都处于不断的动态适应过程中，这也是整个系统实现自组织的表现。

(三) 生态文明建设协同治理体系的含义

基于上述对于生态文明建设和协同治理的分析，本书认为，生态文明建设的协同治理是指政府主体、市场主体和社会主体相互协调、共同作用，在有效处理生态文明建设事务的过程中实现协作同步的过程，包括资源的整合、权力的互动等方面。生态文明建设协同治理体系是指生态文明建设协同治理内部诸多子系统按照一定的秩序和内部联系组成的整体结构。

从生态文明建设的内容来看，生态文明建设的协同治理体系包括环境保护的协同治理、生态建设的协同治理，以及环境保护与生态建设的协同治理。环境保护是指对目前已经脆弱的生态环境或者可能遭受破坏的生态环境采取保护措施，使之保持现有的状态或朝更好的方向发展。环境保护的协同治理是指各个主体从不同的角度采取有效措施，保护脆弱的生态环境或者可能遭受破坏的生态环境。生态建设是指对已经被破坏的生态环境采取有效措施以恢复环境正常功能的一种行为。生态建设的协同治理是指各个主体协同起来，采取积极有效的措施对已经被破坏的生态环境予以修复的过程。环境保护与生态建设的协同治理是指各个主体在积极修复已经被破坏生态环境的同时，注意采取有效的措施保护好脆弱的生态环境和可能遭受破坏的生态环境。简言之，生态文明建设要实现治理与预防的协同。

从生态环境的载体形态来看，生态文明建设的协同治理体系包括大气协同治理、水体协同治理、陆地协同治理，以及大气、水体、陆地协同治理。大气协同治理是对大气污染进行协同治理的过程。大气污染是指由于人类的活动导致大气中的有害物质过度增加，从而损害了大气的正常功能，对人们的生产生活产生了危害。大气污染来源于人们在不同领域中的活动，因而需要不同的主体在不同的领域中实现协同治理。水体协同治理主要是针对水体污染或水体污染威胁而进行的协同治理。水体污染是对一定范围内的公共物品的损害，具有负外部性，需要采取集体行动，需要不同的主体协同起来进行有效治理。跨界水体的治理尤其需要进行协同治理。陆地协同治理是针对陆地上的生态环境破坏或生态环境威胁而采取的协同治理行动。陆地是人类生存的基础，陆地的破坏、污染表现为固体废弃物、盐碱化、沙漠化，等等。陆地生态环境的破坏从根本上威胁人类的利益，需要协同治理。大气、水体、陆地之间也需要协同治理，原因就在于三者的关联性极强，污染物会在三者之间流动，如大气污染会形成酸雨污染水体和陆地，水体污染会渗透到地下，污染陆地；陆地上的污染物经雨水冲刷会污染水体，陆地上的尘土被大风吹起而形成 PM2.5，污染大气。因此，仅仅只治理三者中的一个方面，不会起到良好的效果，大气、水体、陆地之间需要协同治理。

此外，从治理主体的角度来看，生态文明建设的协同治理体系包括政府主体协同、市场主体协同、社会主体协同以及政府主体、市场主体、社会主体三者的协同。从治理过程的角度来看，生态文明建设的协同治理体系包括议程设置协同、目标规划协同、方案决策协同、执行过程协同和绩效评估协同等。生态文明建设的主体协同体系和过程协同体系的具体内容会在生态文明建设的主体—过程分析框架中进一步展开论述。

二、生态文明建设的共生性要求多元主体的协同

生态文明建设要通过消除人类活动对生态系统的负面影响，改善生态系统，进而体现

人与自然、人与人的和谐关系，实现生态文明。

生态系统是生态文明建设的主要对象。生态系统的特征将决定影响生态文明建设的特性，进而影响生态文明建设的协同治理体系。

生态系统是一个开放系统。开放系统的重要表现在于：既有系统输入又有系统输出，不存在只有输入没有输出或者只有输出没有输入，更不可能既没有输入又没有输出。任何一个生态系统都与其环境之间存在着丰富多彩的互动，既包括与其他生态系统的互动，又包括与非生态系统的互动。"一个生态系统可恰当比作生命网络系统，在这个系统内，各组成成分之间相互联系，相互斗争，为彼此的生存提供机会和限制。"① 作为生态系统内消费者的人，强烈地依赖着相关生态系统的产出。因此，每个人——作为政府组成的人、作为市场主体的人和社会中的公民的生存都和生态系统密切联系在一起，生态系统的好坏关系到每个人的生存。每个人，以及由人组成的政府主体、市场主体和社会主体都应该参与到维护和建设好生态系统的行为中来。生态系统的开放性使得不同的生态系统紧密联系起来，进而使得依赖不同的生态系统生存的社会群体也联系起来。蕾切尔·卡逊在《寂静的春天》中就描述过，美国政府为了用 DDT 等药物杀死树林中的害虫，却殃及了空中的飞鸟和水中的游鱼，进而威胁到当地公民的食物安全、生命安全。可见，生态系统的开放性决定了生态文明建设的共生性，这使得不同的主体都参与到生态文明的建设中来，而且不同的主体在生态文明建设过程中还是密切联系、密切配合的，否则就无法有效地建设生态文明。

三、生态文明建设的持续性要求治理过程的协同

生态系统具有时间结构，即生态系统会随着时间的流逝而变化。时间尺度不一样，生态系统的变化尺度不一样：如果经历百年以上的较长时间，生态系统的变化，主要表现为新物种和新环境的形成；如果经历十几年或几十年的中等长时间，生态系统的变化主要表现为，一个生态系统为另一个生态系统所取代，表现在物种及环境类型的变化；如果经历昼夜更替、季节变化等短时间的变化，生态系统的变化主要表现为在物种生理生化和生态系统外貌及季相上的变化。生态文明建设必须尊重生态系统的时间结构，随着时间的变化而变化建设的对象，生态文明建设也表现出不同的侧重点，从这个意义上说，生态文明建设是一个持续的过程，具有很强的持续性。

生态文明建设的持续性表明生态文明建设主体需要不断地向生态文明建设系统输入资源、做出行为，以维持生态文明建设系统的平衡，使生态系统持续产出，进而维持人类的生存。如果有一方主体突然减少输入或者停止输入，必然会导致生态系统的紊乱，生态系

---

① 毕润成. 生态学 [M]. 北京：科学出版社，2012：17.

统的正常产出减少，或者产出不适合人类的需要。生态文明建设的持续性也表明生态文明建设的过程是不间断的，不可能由某一方面主体不断地投入，而让其他主体坐享其成。

第二节　生态文明建设多元主体协同治理机制

生态文明建设多元主体协同治理是现代市场经济发展和行政民主化潮流的产物，是由垂直等级制转向横向网络化，由强制、命令转向对话、协商的新型生态文明建设协同治理模式。多元主体在生态文明建设中是相互影响的复杂网络关系，追求的是平等协商、优势互补、合作共治。相较于传统的政府主导型治理模式，多元主体协同治理模式明晰了不同主体间的角色定位，注重发挥政府、企业、社会组织及公众的优势和特色。需要注意的是，因不同治理主体在生态文明建设过程中的不同行动动机有可能导致行动失效，故应建立健全多元主体协同治理动力机制、形成机制和运行机制，让不同治理主体平等、和谐地共同参与到生态文明建设中来。

一、动力机制

生态文明建设多元主体协同治理动力机制是指在高度复杂性治理场域中，从引力、压力和推力三大机制的角度出发来观察多元主体在生态文明建设中的积极性、主动性行为，并通过构建科学合理的激励机制，使得多元主体在功能上进行优化组合与合理配置，进而实现自主性的协同治理，达到"无为而治"的生态文明建设协同治理效果。作为生态文明建设多元主体协同治理机制的核心要素，动力机制能够形成多元主体间相互交织、紧密相连的利益关系网络。其中，引力是推进生态文明建设多元主体协同治理的内在动力，决定着生态文明建设中多元主体协同治理的深度、广度和力度；压力给生态文明建设多元主体协同治理带来了强烈的紧迫感；推力则是生态文明建设多元主体协同治理的"催化剂"。三者相互影响、相互作用，共同构成了生态文明建设多元主体协同治理的动力来源。

（一）引力机制

引力是指多元主体存在着优化生态环境的共同利益追求，且通过协同治理获得的收益要大于不合作状态下的收益。作为生态文明建设多元主体协同治理的首要内在驱动力，引力既是协同治理过程中产生的推进生态文明建设的自发性力量，也是多元主体协同治理的缘起。促进生态文明建设多元主体协同治理的引力主要包括：

一是政府公共治理理念。自 20 世纪 90 年代以来，公共治理在全球范围内引起了政府和学术界的关注，并逐渐成为我国行政管理体制改革的重要目标。公共治理理念是一种新型政府治理理念，强调政府主体、市场主体和社会主体共同发挥作用，且在紧密的关系网络中分享权力、共享资源，以实现对公共事务的协同治理。生态文明建设多元主体协同治理强调政府、企业、环保社会组织和公众等多元参与主体相互支持、密切合作，是公共治理理念在生态文明建设中的具体运用。

二是各行政区的利益。在我国，改革开放以来尤其是1994年实施分税制改革后，地方政府逐渐成为一个具有独立利益（包含生态利益）的地方实体。区域合作的本质是打破要素流动壁垒，以实现区域内各要素的畅通流动与优化组合，推进区域一体化发展，提升区域发展的整体效能和核心竞争力。在党和国家高度重视生态文明建设的背景下，加强区域生态文明建设合作，形成区域生态利益共同体，符合各行政区的利益。

三是地方政府官员政绩的内在诉求。政绩是地方政府官员晋升的重要影响因素。在将生态文明建设纳入"五位一体"总体布局的大背景下，国家为激发各地推进生态文明建设的积极性，对政绩考核指标进行了相应调整，生态环境指标所占比重大幅提升。因此，作为理性个体的地方政府官员往往会选择符合政绩考核偏好的政策行为，通过多元主体协同治理来改善生态环境治理。

（二）压力机制

压力是生态文明建设多元主体协同治理的外部动力，主要体现为：

一是建设责任型政府。改革开放以来，伴随着经济的快速增长，生态环境问题日益凸显。

二是建设绩效型政府。绩效型政府强调效率与效益相统一，而按照新制度经济学原理，在交易过程中通过第三方的介入来协调交易双方的关系，交易成本将会上升。因此，在推进生态文明建设进程中，面对单一主体难以解决的复杂生态环境问题，必须加强多元主体之间的密切协作并建立健全高效合作机制，以降低相应的成本。

三是建设回应型政府。回应型政府强调政府要对各社会主体的利益诉求给予积极响应，并在社会共同合作的基础上采取有效措施解决问题。生态环境问题与每一个人的切身利益息息相关，是社会各界普遍关注的话题。政府必须以多元主体协同治理为载体，多渠道、多层面回应社会关切。

（三）推力机制

推力是顺向推动生态文明建设多元主体协同治理的动力，有助于多元主体形成权利共享、功能互补的良好外部氛围，主要体现为：

一是由中央法律法规及政策引导形成的纵向推力。党的十八大以来，中央发布了一系列法律法规，出台了一系列政策措施，以推动形成生态文明建设多元主体协同共治格局。

二是典型经验启示形成的横向推力。国内外在生态文明建设多元主体协同治理上有很多成功案例，对生态文明建设多元主体协同治理探索起到了助推作用。如我国长三角、京津冀、珠三角协同治理生态实践、日本垃圾分类多元社会主体合作治理等。

三是环保社会组织快速发展形成的体制外推力。近年来，随着我国生态环境管理体制的深入推进，政府生态环境管理职能进行了较大调整，部分职能转由环保社会组织承担。作为社会公众参与生态文明建设的重要载体，环保社会组织的快速发展已然成为生态文明建设多元主体协同治理的"助燃剂"。

二、形成机制

生态文明建设多元主体协同治理形成机制包括主体互动、资源整合、利益协调、监督惩罚和制度保障五大要素。

（一）主体互动机制

主体互动机制是生态文明建设多元主体协同治理有效运作的内生机理。作为多元主体间相互影响、相互支持、彼此合作的有效保障，主体互动机制生成和巩固的多元主体信任关系折射出平等、自愿、协商、对话、沟通、互利等民主意蕴，能够增强互动的强度和频度，实现深度的权力、资源和信息共享。

互动是建立信任的重要途径。处于生态文明建设协同治理关系网络中的多元主体并非在能力、资源等方面天生就是平均一致的，在彼此竞争的非协作性关系网络中，各个主体在生态文明建设中的能力强弱、资源多寡和规模大小等因素直接影响其在生态文明建设中的地位。如果能以相互理解、彼此信任为基础，增进多元主体之间的广泛深入交流，必然会促进多元主体公共利益的形成，进而降低协调成本，实现功能互补和资源整合。

（二）资源整合机制

资源整合机制从客体层面对生态文明建设中各个主体的功能优势进行重组，以实现生态文明建设效益的最大化。组织是资源整合的平台，作为组织形态存在的生态文明建设主体在参与协同治理之前已经进行了内部资源整合。然而，生态环境问题具有艰巨性、长期性、复杂性等特点，单一组织结构内部的资源和能力是有限的，这就需要其他主体积极参与进来，通过多元主体间的资源整合实现协同治理。资源整合机制能够将分散在各个主体的资源会聚起来并进行理性而有效的优化重组，在坚持公开、公平和信用的基础上向各个参与主体赋权，使各个参与主体通过协同治理关系网络实现权力、信息的分享与利用，并最终实现对资源的真正调整与匹配，达到"1+1>2"的效果。

资源整合机制可以从两个维度进行：一是资源水平整合，即以资源储备的依赖方式来扩大资源的享有量，增强新技术和新技能实现团体间资源供给的共存与差异性互补。二是垂直整合，即以资源移位的关联方式将资源的使用范围扩展至多个组织，在范围经济的基础上重组价值链。

（三）利益协调机制

利益协调机制着眼于生态文明建设各主体之间复杂的博弈关系，通过重构多元主体的共同利益推动协同治理。制度经济学认为，互惠互利是双方公平交易的起点。从经济人角度而言，多元主体参与生态文明建设都有各自的利益诉求，利益相容是实现协同合作与集体行动的起点，利益冲突则是导致协同合作与集体行动失效的根源。

多元主体共同参与生态文明建设，相互之间的利益冲突在所难免，因此，必须构建科学合理的利益协调机制，平衡多元主体间的激励相容点，以化解个体、局部、短期利益对根本、长远和整体利益的冲击。这其中，科学的资源配置或合理的经济补偿是实现多元主体利益协调的有效方式和手段，能够消弭多元主体间的利益冲突。同时，针对协同治理过程中可能发生的利益冲突，要构建相应的冲突调停机制，防止矛盾激化或失控。

（四）监督惩罚机制

监督惩罚机制是保证多元主体按照法律法规参与生态文明建设的必要措施。生态文明建设多元主体协同治理模式下的监督（管）主体主要包括政府、企业、环保社会组织和公众。

政府监督（管）在整个监督（管）主体中处于核心地位，其职责主要包括环境监测、环境监察、环境统计、环境评价、环境计划等，监管手段主要包括警告、罚款、责令限期整改、责令停产、吊销排污许可证、行政拘留。企业监督是企业管理不可或缺的重要组成部分，是实现企业经济效益与环境保护相统一的必要手段。

企业监督要求企业将环境保护要求纳入企业管理全过程，并通过建立完善的企业环境管理体系，降低污染物排放量，实现绿色发展，树立企业绿色环保新形象。企业负责人要主动承担应尽的生态环境保护职责，环保部门或环保专干要加强对企业污染物排放的实时监控，并对企业生产部门的污染行为进行考核。

环保社会组织监督是指环保社会组织利用自身的专业优势对政府、企业和公众的环境行为进行监督，如通过谈判、沟通等方式纠正政府为追求短期政绩而牺牲环境的行为，通过区域监督、流动监督、专项监督、协议监督等方式约束企业的污染行为，通过加强环保宣传纠正公众随手丢垃圾、食品浪费等行为。

公众监督是所有监督的基础，政府的环境治理行为、企业的生产行为都应置于公众的监督之下。惩罚机制是监督机制发挥作用的保障，监督机制的政府公信力取决于惩罚机制的健全程度和执行力度。在生态文明建设进程中，应构建严厉的惩罚机制，明确惩罚的依据、标准和程序等，以增加违法成本，达到"惩罚一个、震慑一片"的治理效果。

（五）制度保障机制

制度保障机制在整个生态文明建设多元主体协同治理中发挥着规范、调节的作用。通常认为，制度是针对独立社会组织、社会团体或者单位集体所做出的约束性规范和设计，同时对各组成部分和成员个体的行动进行有效规范的一种方式，能够将社会组织或者成员个体的行为约束在可控的合理范围之内。制度具有强制性，其是在社会生活中对所有社会成员都具有同等效力的规范和设计；制度具有稳定性，其以长期的恒定性一以贯之地保障社会的正常运转和持续发展；制度具有适应性，考虑到社会的不断发展变化以及社会成员、社会组织执行和遵守的可行性问题，制度在设立之初兼具可调整性和可操作性。制度的范围不仅包含正式的规章制度，如宪法以及各种法律法规规章等，也包含非正式的规则，如社会成员在长期生活中所形成的习惯、习俗和传统等。宏观层面上，生态文明建设欲达成多元主体协同治理的目标，需要制度规范与规则设定。微观层面上，生态文明建设多元主体协同治理有赖于各主体间契约的实现。契约是各参与主体通过约定、谈判、妥协、博弈之后形成的协议，更便于操作，更易被各主体所接受，在提升协同效能、降低监督成本、约束各主体行为、明确各方职责方面能够起到重要的作用。

三、运行机制

生态文明建设多元主体协同治理的运行机制可理解为以生态领域的问题解决作为起点，通过各主体间的有效互动，在对共同利益以及原则问题达成基本共识后，以信任为基础确立的紧密的联系。

参与生态文明建设的各主体不可避免地会存在差异和分歧，有可能会导致协同治理关系的破裂，因此，应通过利益协调及时调整各主体的不同意见，在此过程中会涉及资源的重新整合、主体的有效互动、利益的有效协调以及对不当行为的监督惩戒等。生态文明建设多元主体协同治理机制的运行有赖于制度的保障，每一个运作循环周期的实现和完成都会促使多元主体间的分歧进一步减少，合作更加顺畅，整合更加高效，与此同时制度也会进一步完善。当新的问题出现时，这种循环运转将再一次开启，协同治理的范围、深度与广度会进一步提升。

生态文明建设过程的复杂性和目标的艰巨性令各参与主体开始反思"单打独斗"带来的"力不从心"，通过不断沟通协商进而达成协同治理的共识。主体互动机制就此发挥效能，对即将开展的协同治理进行蓝图擘画和规划设定。应当说，各参与主体间平等对话的意愿、勇于担责的态度是开展生态文明建设多元主体协同治理的前提条件。当然，共性不会是永远的主旋律，在协同治理过程中不能忽视差异甚至分歧的存在。因此，各参与主体的利益诉求、角色和身份不同，处事风格、价值判断或思维方式也不同。为更好地实现治理效能，各参与主体应通过利益协调机制对资源、信息、资金进行再分配和再调整，以维持相互间的平衡，力争实现分歧最小化和利益最大化。从某种意义上说，能否有效解决利益调整和分配问题是协同治理的关键所在。在矛盾和分歧得以消解、共同利益得到确认后，如何有效整合资源成为关键。为此，各参与主体应通过对人力、财力、物力和信息等相关资源进行全域性规划和设计，力求实现资源的互补与共享。基于多元主体间复杂的利益关系，需通过最严密的监督和最严格的惩罚确保各参与主体始终在协同治理的方向上稳步前进。生态文明建设多元主体协同治理充分发挥效能的前提是主体互动、利益协调、资源整合和监督惩罚机制的有序运转，这就需要制度的刚性约束。

总之，主体互动、利益协调、资源整合、监督惩罚、制度保障等要素始终都在改变着生态文明建设多元主体协同治理中的资源再整合和关系再分配。受此影响，每一次的协同治理都会有所差异。后一次是前一次的继承和完善，而前一次是后一次的基础和前提，在持续的变动中最终实现阶段性的稳定和平衡。

第三节　生态文明建设的主体协同治理体系构建

一、政府协同

政府本身不是目的，政府是为社会发展提供充分公共服务的工具。我国的政府建设不能脱离具体的社会发展来进行，而应该在具体的公共服务中加强。在生态文明建设中不断加强政府建设，实现政府协同，具体而言，应该从四方面着手：

（一）优化中央与地方关系，实现生态文明建设的央地协同

中央与地方的关系是政府内部最主要的关系，实现政府协同，建设生态文明，首要的就是优化中央与地方的关系。

中央与地方关系的理想状态应该是中央有权威，地方也有积极性，双方平等，表现在生态文明建设方面就是中央政府进行生态文明建设的整体规划和具体政策的制定，地方政府积极、认真地执行中央政府所制定的生态文明建设整体规划和具体政策措施。中央要有权威，就要保证生态文明建设总体规划和具体政策的科学性和权威性，就应该努力减少地方政府在生态文明建设工作方面的自由裁量空间，对于违背生态文明建设整体规划以及不执行生态文明建设具体政策的，甚至是破坏生态文明建设的地方政府行为，要在查清事实的基础上给予严厉的惩罚，坚决反对为了地方利益而破坏生态文明建设的狭隘的地方保护主义行为，保证生态文明建设工作的统一性和有效性。另外，中央政府在制定生态文明建设的整体规划和具体政策时，要充分考虑地方政府的利益，平衡好中央政府与地方政府的利益，处理好整体与局部的关系。对于为生态文明建设的全局工作做出贡献而利益受损的地方政府，要通过转移支付、财政补贴等方式给予相应的经济补偿；对于生态文明建设政策执行到位、不打折扣的地方政府要给予相应的奖励。同时，要将生态文明建设纳入地方政府的绩效考核体系中，扭转以地方经济发展速度作为地方政府绩效考核主要内容的传统考核方式，使地方政府的绩效考核科学化，促使地方政府的生态文明建设行为与中央政府保持一致。只有这样，才能充分调动地方政府开展生态文明建设的积极性。

制度在社会中具有更为基础性的作用。实现生态文明建设的央地协同，最重要的是加强生态文明的制度建设，主要包括健全自然资源资产产权制度，明确地方政府对自然资源的所有权和使用权；健全自然资源的用途管制制度，防止地方对自然资源的破坏性利用；划定生态保护红线，确定地方政府生态保护和生态利用的底线；进一步完善主体功能区制度，建立健全国土空间开发保护制度，实现区域资源环境承载力与经济社会发展的平衡；实行资源有偿使用制度和生态补偿制度，调动地方政府进行生态文明建设的积极性。建立完善的制度，树立制度的权威，本质上就是强化中央政府的权威，引导地方政府的行为，促进生态文明建设的央地协同。

（二）协调地方政府之间的府际关系，实现生态文明建设的区域协同

地方政府间的关系是政府内部的重要关系。地方政府之间在中央政府整体规划精神的指导下，实现相互协调、合作，符合协同学的自组织原理，能够节约中央政府的协调成本，提高地方政府生态文明建设的效率。

生态文明建设区域协同的制度建设，主要应做好两方面工作：一方面要提高地方政府对生态文明建设的思想认识，使其充分理解中央政府的整体规划精神，使地方政府之间围绕生态文明建设所进行的协调、合作行为与中央政府的整体规划保持一致；另一方面，推动地区间建立横向生态补偿制度，通过该制度来协调、规范在跨界生态文明建设中的建设

地的地方政府与受益地的地方政府的利益关系，使得跨界生态文明建设者与受益者的利益得到平衡，减少中央政府的协调量，推动地方政府跨界生态文明建设的积极性。

（三）整合部门职能，实现生态文明建设的部门协同

政府内的部门间关系是政府为完成复杂、艰巨工作而形成的内部分工合作关系。整合部门的资源，实现政府内的部门协同，对实现政府的整体目标具有极其重要的意义。

目前，在我国实现生态文明建设的部门协同，重在整合生态文明建设的职能，为此，一方面，要在科学发展观的指导下，按照生态文明建设工作的内在要求，将发改委、林业局、水利局、海洋局、自然资源部等相关部门的生态文明建设职能整合到自然保护部，进而通过自然保护部的整体规划，强化我国生态文明建设规划的统一性和科学性，提高生态文明建设的整体效果。另一方面，要围绕生态文明建设建立健全部门间的工作协调机制，特别是要建立健全环境保护部门与财政、人事部门的工作协调机制，使得环境保护部门能够及时有效地获得相应的人力和财政资源；健全环境保护部门与经济发展部门的工作机制，使得环保部门能够在进行生态文明建设的同时促进地方的科学发展，避免为了地方招商引资而忽视生态文明建设的现象，避免出现环保部门的干部"站得住的顶不住，顶得住的站不住"的反常现象。

（四）理顺公务员与政府的关系，实现生态文明建设的目标协同

公务员与政府的关系是生态文明建设中政府内部非常关键的一种关系，因为所有的生态文明建设规划、政策都要具体的公务员来执行。建设生态文明必须加强制度建设，实现公务员与政府的目标协同。

具体要做到：

第一，建立生态文明建设的目标体系，使公务员理解生态文明建设各个层次的目标，为防止"目标移位"现象的出现奠定基础。

第二，加强对公务员的生态文明建设教育，使生态文明建设的目标转化成公务员内在的道德自觉。

第三，建立有效的激励机制，使公务员有动力执行生态文明建设的具体政策。

第四，强化对领导干部实行自然资源资产离任审计，有利于遏制地方官员为了追求GDP竭泽而渔、践踏生态红线的冲动，必将给地方官员戴上生态环境的"紧箍"。

第五，建立生态环境损害责任终身追究制。生态环境的损害程度在绝大多数情况下并不是短期内就能看出来的，而目前官员的法定任期为五年，在有些情况下还少于五年，官员在任期内造成的生态环境损害往往在官员离任后才显现出来，如果不建立生态环境损害

责任终身追究制，使得责任追究往往空置，无法对官员的生态环境损害行为构成制约。

二、市场协同

实现生态文明建设的市场协同，就是要实现生态文明建设型企业的协同、非生态文明建设型企业的协同，以及二者之间的协同。

（一）降低生态文明建设型企业内部的交易成本，实现生态文明建设型企业内部的协同

内部交易成本的产生来自企业内部的体制机制不顺、技术落后、相关部门和人员面对不确定性因素对风险估计不充分而导致失误等。同样的原因也导致了生态文明建设型企业的内部交易成本过高，而且由于生态文明建设型企业存在着相当程度的垄断性，这些问题相对而言还比较严重。因此，要实现生态文明建设型企业内部的协同，提高其治污产出，就要做到优化管理流程、采用先进技术、充分估计企业运营过程中的不确定性因素。

优化管理流程，就是要在现有的基础上理顺生态文明建设型企业的体制机制。现有的生态文明建设型企业，特别是中西部的生态文明建设型企业，如污水处理厂、垃圾收集清理公司、园林管护公司等，在以前是事业单位，现在虽然转变成了企业，但由于自然垄断的因素还在，其体制机制并没有太大的变化。针对这种现实，就应该按照现代企业的管理原则，在兼顾历史问题的基础上，优化公司的管理流程，做到统筹规划，提高单位时间的利用效率，以降低公司内部的交易成本。

采用先进技术能够在很大程度上降低生态文明建设型企业的内部交易总成本。深圳市碧云天环保公司和安徽国祯环保公司联合承包了深圳市龙田和沙田两座污水处理厂的运营权就说明这一点。① 先进的技术能优化组织内部的流程，减少不必要的环节，降低内部成本。深圳市碧云天环保公司和安徽国祯环保公司联合承包方采用的技术工艺要比龙田和沙田两座污水处理厂设计的技术工艺先进很多，运营中的内部交易成本也低很多。

充分估计企业建设和运营中的不确定性因素，做好风险决策和风险应对方案，有助于降低生态文明建设型企业的内部交易成本。生态文明建设型企业在建设和运营过程中出现一些不确定性的因素，特别是来自政府的政策性变化，常常会打乱或者中止企业的正常建设和运营活动，造成不必要的支出，增加不必要的成本，因而，企业要做好风险应对方

---

① 深圳市碧云天环保公司和安徽国祯环保公司联合承包了深圳市龙田和沙田两座污水处理厂的运营权，承包期为15年，据估算，"原来两座污水处理厂每月的运营维护费用约为50多万元，被承包后，每月只需付给运营承包企业40万元，政府一年就可以节省120多万元，而承包企业认为，只要通过改进工艺和管理创新，仍有盈利空间"。参见国家环保总局环境与经济政策研究中心《我国城市环境基础设施建设与运营市场化问题调研报告（之一）》，《中国环境报》2003年1月29日。

案，尽量规避、减少来自这方面的损失。

（二）加快建立健全排污权交易制度和碳排放交易制度，实现非生态文明建设型企业之间的协同

排污权交易是指在满足环境要求的条件下，建立合法的污染物排放权利即排污权，并允许这种权利像商品那样进行交易，以此来控制污染物的排放总量，降低污染治理总体费用。在这里，建立合法的污染物排放权利主要是通过政府确认的排污权许可证的方式来实现，许可证所允许的污染物总量以环境所能允许的污染物为限度。

排污权交易制度的实施有利于促进非生态文明建设型企业积极改进生产技术，减少污染物的排放。实施排污权制度，不仅排入环境的污染物总量一定，而且每个非生态文明建设型企业所能够排入环境中的污染物总量也是一定的。这样，向环境排污的权利就不再是公共的，而是属于进行排污权初始分配时的企业，后来新建的企业必须向已有的企业购买排污权。已有排污权的企业如果通过改进生产技术，治理本企业所排放的污染物则可以减少污染物排放，节约本企业的污染物排放权，节约下来的权限可以存储下来，留待以后扩大生产规模，也可以放到市场上出售，获取利益。于是，非生态文明建设型企业就走出彼此向环境排污竞争的"囚徒困境"，为非生态文明建设型企业履行环境方面的社会责任奠定了基础，也为非生态文明建设型企业间的协同奠定了基础。

排污权交易制度的实施有利于非生态文明建设型企业协同起来，降低整体的污染治理费用。排污权交易制度激励企业改进生产技术，使得不同企业的治污成本不一样。不同的企业其治污成本不一样，排污权交易使得高治污成本企业的治污行为向低治污成本企业转移。这样不同的企业协同起来，造成了一种结果——在排放总量不变的情况下，降低了整个社会的污染治理费。排污权交易制度是非生态文明建设型企业协同起来的动力机制。

碳排放交易作为排污权交易的一种形式，目前我国尚处于市场建设阶段，鲜有成功案例，碳排放交易的制度化需要进一步的积极探索。

实现生态文明建设型企业和非生态文明建设型企业之间的协同，关键在于要在两者之间建立有效的联系机制和基础设施，如在污水排放企业和污水处理厂之间要有必要的污水排放管线，防止出现污水进不了污水处理厂而"望水兴叹"的局面；固体垃圾处理场要在各居民点、重点废弃物抛弃单位之间设立有效的固体垃圾收集机制、交易机制，等等。

三、社会协同

面对生态文明建设中公民协同行动的问题和环保 NGO 协同的困境，我们应该积极探索有效的途径，促进其发展，实现社会内部的协同，推动我国的生态文明建设，推动我国

国家治理体系的现代化，具体而言要注意提高公民的公共精神，提高环保 NGO 的能力，促进其发展。

（一）加强环保文化建设，塑造公民高度的公共精神

公共精神是关心公共事务，投身公益活动的参与精神，促进公共利益的精神。环保 NGO 的活动是一种公益活动，离不开具有高度公共精神的公民参与。文化影响人的价值观、行为动机和行为方式，环保文化影响人们参与环保活动时的价值观、行为动机和行为方式。加强环保文化建设，培养具有高度公共精神的现代公民，是发展环保 NGO 的必要条件。这就要做到：

一是加强公民的公共精神教育，在厘清公私观念的基础上，强化公民的公共意识。"公私不分表明一个人尚没有学会控制个人感情，放纵个人的情绪、偏好，这是人格、心理不健全的表现，严明公私才能保证公共规则得以遵守，同时也意味着此人在为人处世上的成熟。"[①] 只有先分清公和私，才能树立公共观念，才能认识到环保活动的公共意义。

二是拓展环保 NGO 活动的公共空间。公共空间是公共活动和公共精神的载体，公共空间的存在"有助于培养一种参与意识与集体观念"[②]。环保 NGO 的活动空间，往往和政府的开明、社会公众的理解有很大的关系。当政府理解支持环保活动，公众认可环保活动时，环保活动的空间就大，就有利于环保文化、公共精神的提高。二者是一种相辅相成、相互促进的关系。

三是提高环保 NGO 活动的效能感。人的精神状态能决定人的活动，人的活动结果又反过来重塑人的精神世界。人们从事环保活动的效能高低会影响环保活动的效能感，进而影响公共精神的形成，影响积极的环保文化的形成。因此，各级政府、公民和其他组织尽可能为环保活动提供有利条件，提高环保活动的效能，有利于形成积极的环保文化和高度的公共精神。

（二）提高环保 NGO 的能力

提高环保 NGO 的能力要做到以下四点：

1. 优化政府与社会的关系，促进环保 NGO 的组织发展

政府与社会的关系是一个国家内非常重要的政治关系，它制约着该国公民社会的发育，进而制约着各种社会组织的发展。在改革开放以前，我国建立了一个特别强大的政府

---

① 李萍. 论公共精神的培养 [J]. 北京行政学院学报，2004（02）：83-86.

② 陈也奔. 罗尔斯顿的生态价值观——一种自然主义的价值理论 [J]. 学习与探索，2010（05）：22-24.

和一个特别弱小的社会，这个时期根本就没有环保 NGO 存在；自改革开放以来，我国政府与社会的关系出现了一些松动，公民社会开始成长，环保 NGO 开始出现。但我国这个时期依然是强政府弱社会的状态，政府管制着社会，环保 NGO 依靠着与政府的正式或非正式关系才能发挥作用。环保 NGO 的行为必须获得政府的支持。当环保 NGO 的行为与当地政府冲突时，NGO 只能放弃环保目标或者寻求与更高级政府保持一致，获得支持。在这种情况下，环保 NGO 不可能得到发展。只有当政府由全能政府变成了有限政府，其转移出来的职能需要社会跟进的时候，当政府管理社会的方式由管制转向治理的时候，环保 NGO 才能得到发展。

为此，应从三方面优化政府与社会的关系，其一，政府从一些不该管、管不好的领域退出，转变为有限政府，进而塑造一个"小政府、大社会"。"小政府、大社会"是一种较为理想的模式，是 NGO、环保 NGO 充分发展、充分发挥作用的模式。具体到环保领域就是当政府从一些本不应该管的环保领域退出时，环保 NGO 如何做好承接相应职能的工作。其二，政府社会管理的方式由管制转向治理，治理意味着"统治的含义有了变化，意味着一种新的统治过程，意味着有序统治的条件已经不同于以前，或是以新的方法来统治社会"①，治理的目标是实现善治，而"善治的本质特征，就在于它是政府与公民对公共生活的合作管理"②，这就意味着政府与社会之间处于平等的地位，这样环保 NGO 才能充分发展。其三，用法律规范政府与 NGO 的关系，改变二者的依附与被依附状态，建立一个"强政府、强社会"。

2. 发展民主政治，开拓环保 NGO 的行动路径

突破环保 NGO 的宏观行动困境在于发展民主政治，扫清基层民主的障碍，开拓环保 NGO 的行动路径。环保 NGO 的行动本质上就是基层民主的体现，属于整个国家政治民主的一个部分，也需要以整个国家的政治民主为前提。整个国家的政治民主环境制约着基层民主的实现程度。在政治民主程度高的地方，基层民主的实现就会充分；反之，就会很难。而突破环保 NGO 的微观行动困境有待于其处理好和政府的关系，有待于其加强内部管理。政府拥有强制性的力量，对环保 NGO 的行为能产生直接的制约。环保 NGO 处理好与政府的关系，有利于其职能的充分发挥。环保 NCO 内部管理效率的提高有助于其功能的充分实现，这就需要环保 NGO 完善内部组织机构，充分发挥理事会、常务理事会的功能，做到决策民主化、科学化。

3. 加强环保 NGO 的能力建设，汲取充分的行动资源

人，特别是相关专业技术人员，是环保 NGO 最宝贵的资源。充实环保 NGO 的人力资

---

① 俞可平. 权利政治与公益政治 [M]. 北京：社会科学文献出版社，2000：111.

② 俞可平. 权利政治与公益政治 [M]. 北京：社会科学文献出版社，2000：117.

源，不能仅仅靠少数优秀分子的觉悟、事业心，还应该辅之以适当的薪酬、工作条件——这是赫兹伯格所说的保健因素，因此，充实环保 NGO 的人力资源就和其财政因素直接相关。环保 NGO 要汲取充分的行动资源，关键在于汲取充分的财政资源，为此，就必须加强环保 NGO 的能力建设。环保 NGO 的行动不能仅仅依靠极其有限的会费，而应该积极开拓其他资金来源。

费用问题是困扰我国环保民间组织生存和发展的主要问题之一。我国的环保 NGO 亟须提高其服务性收入，提高捐赠收入，而捐赠也是以其服务质量为基础的，只有环保 NGO 的服务质量高，社会团体和公民才会愿意向其捐赠。因此，环保 NGO 亟须提高其服务能力，这是汲取充分的行动资源的基础。

4. 实现环保 NGO 与政府、市场的协同，避免环保 NGO 的志愿失灵

实践证明，任何单一主体的生态文明建设行为，都会出现失灵，包括环保 NGO 的志愿失灵。而避免环保 NGO 的志愿失灵，不能仅仅从技术上做到完善志愿者服务的立法、志愿者服务应急救援体系等，还应该做到环保 NGO 与政府、市场的协同。

四、政府、市场和社会之间的关系协同

基于政府、市场、社会三者的矛盾—对立关系模式和共生—主辅关系模式在经济建设和生态文明建设方面的低效表现，中西方的学者和实践工作者逐步认识到必须将政府、市场、社会三者放在平等的地位，实现政府、市场和社会的协作同步，在政府与市场之间形成平等—协同关系，实现关系协同。

生态文明建设也要重视政府、市场和社会主体之间的关系，这种关系不应该是相互分割、隔离、区别的关系，而要建立一种平等—协同关系，从而在生态文明建设过程中实现政府、市场和社会的关系协同。

（一）建设法治政府是关键

在我国的生态文明建设实践中，政府主体相对于其他主体而言不能不处于支配的地位。而且从政府、市场和社会三者之间在生态文明建设中出现不协同现象的原因来看，政府不作为，政府行为不规范、不合法，政府行为"越界"等现象是导致政府与市场、政府与社会之间不协同的重要原因，在相当大的程度上，也是市场与社会之间不协同的重要原因，因此，规范政府行为，建设法治政府，就成为构建政府、市场、社会的关系协同体系的关键点。

建设法治政府，就要求明确界定生态文明建设的职能，明确政府进行生态文明建设的边界，对于可以由市场主体来进行的生态文明建设项目，就应该交给市场主体来做，政府

要做好监督和服务工作；健全政府在生态文明建设中的决策和决策程序法定化，通过把公众参与、专家论证、风险评估、合法性审查、集体讨论决定确定为生态文明建设重大决策的法定程序，确保生态文明建设决策的制度科学、程序正当、过程公开、责任明确；要深化生态文明建设过程中的执法体制改革，做到文明执法；要加强对政府进行生态文明建设过程中的执法监督，防止政府与企业的"共谋"行为；政府要修改《政府信息公开条例》，进一步加大生态文明建设信息公开的程度，使得有关生态环境的信息和生态文明建设信息的公开成为常态，不公开成为例外，同时加强政府生态文明建设政策的宣传解释力度，避免因此而产生政府与社会之间的不协同。只有多方面、多角度地规范政府行为，建设法治政府，才能构建政府、市场、社会之间的关系协同体系。

（二）企业履行环境责任是根本

从根本上说，人们向社会中所排放的污染物以及大部分的环境破坏行为，都直接或间接地出自企业：一部分企业直接向环境中排放废气、废水、废渣，直接污染了环境；农业中过量使用化肥产生的面源污染，其污染物质间接来源于企业。从这个意义上说，企业是环境污染、环境破坏的根源，因此，强化企业的环境责任，促使企业履行其对于环境的责任，既是保护环境，进行生态文明建设的根本，也是构建政府、市场、社会关系协同体系的根本。

强化企业的环境责任，服从政府对生态环境的依法管理，能够有效防止政府在生态文明建设中的"越位"和"错位"，是实现政府主体与市场主体协同的根本；强化企业的环境责任，促使企业改进生产技术减少污染物的排放，促使企业积极治理污染物做到达标排放，促使企业积极采取有效措施将污染物对环境的危害降到最低点，就不会发生企业因环境问题与社会主体而相互对抗，不会发生社会主体因环境问题而上访、"散步"等问题，就奠定了企业与社会主体间实现协同的基础，在一定程度上也奠定了政府与社会协同的基础。

（三）建设法治社会是保障

在生态文明建设过程中，建设法治社会是构建政府、市场和社会之间的关系协同的保障。

建设法治社会，要推动全社会树立法治意识，在全社会内树立对法律的信仰。"法律信仰是实现真正法治社会的精神条件，是现代法律有效运行的心理基础。"[①] 建设生态文

---

① 陈金钊. 论法律信仰——法治社会的精神要素 [J]. 法制与社会发展，1997 (03)：1-9.

明，也要求全社会树立法治意识，只有如此，才能在全社会形成遵纪守法的氛围，政府才能自觉执行生态文明建设的相关法律法规，企业才能遵守生态文明建设方面的法律要求，公民才会合法地表达自己的环境诉求，依法维权。这样才能避免政府与社会中主体、市场与社会主体的不协同。

建设法治社会，就要在实践中实现法律面前人人平等，实现司法公正。"法治社会的基础是法律面前人人平等，法治社会的关键是司法公正。"[①] 在生态文明建设中，遵循法律面前人人平等的原则，就要做到所有的企业在污染物排放、污染治理方面遵循同样的标准，这样就能避免"劣币驱逐良币"的现象，实现企业与政府、社会的协同。

（四）主体间利益协调是核心

"利益就是好处，或者说就是人的某种需要或愿望，这些东西的实质就是资源，更确切地说就是生存资源，包含生产资源和生活资源，它们可能是物质的，可能是精神的，可能是有形的，可能是无形的。"[②] 政府主体、市场主体、社会主体各自内在的利益悖论和相互间的利益冲突是三者在生态文明建设中出现不协同的主要原因，因此，实现主体间利益协调，是构建政府、市场和社会的关系协同体系的核心。

实现主体间的利益协调，就要在生态文明建设的立法、执法、司法过程中充分照顾各主体的合理利益，就要在生态文明建设过程中做到用科学的利益观规范人们的逐利行为，用利益的激励兼容消解政府自利性，以有效的利益调控强化企业的生态责任，以合理的利益调整保障公民生存与发展利益的统一，具体而言，就是各级政府即公务员要在法律的框架内追求自身利益，企业要在法律体系内追求自身的利润，公民要合法地表达自身的环境利益需求。

实行协同治理，构建平等—协同关系，实现关系协同，在西方国家已有一定程度的实践。20 世纪 90 年代以来欧美国家的政府改革，尤其是布莱尔政府的改革措施，就是以协同政府理论为指导。政府与市场的平等—协同关系模式已被英美国家运用于社会建设的各个方面，包括生态文明建设方面，取得了良好的效果，英美国家生态环境的好转就说明了这一点。

我国在生态文明建设的过程中应该借鉴西方国家社会发展中所探索出的、不具有社会制度属性的人类共同文明成果。协同治理本质上是一种新的治理方式，政府与市场、社会的平等—协同关系本质上是不同资源配置工具之间的关系，都不具有制度属性，可以进行批判性的借鉴。

---

①　魏杰. 何为法治社会——关于法治社会的几个问题 [J]. 理论视野，2007（04）：18-21.
②　胡余旺. 利益论 [J]. 湖南科技学院学报，2009，30（03）：150-151.

第四节 生态文明建设的过程协同治理体系构建

针对生态文明建设过程碎片化的问题，反思整体性和一体化两种思路的缺陷与不足，本书提出构建生态文明建设的过程协同体系，以从根本上应对生态文明建设政策过程的碎片化问题。构建生态文明建设的过程协同体系，要围绕实现生态文明建设政策过程各环节内协同和实现各环节之间的协同采取有效的措施。

一、价值理念协同

"行动总是受观念的引领，它将预先考虑好的事务付诸实施"[①]，实现生态文明建设政策过程的协同治理，首先应该从改变生态文明建设过程中的价值理念开始，具体而言，要在治理主体方面变革全能政府的理念，树立政府、市场、社会协同治理的理念；在治理领域方面摒弃 GDP 至上的理念，树立政治、经济、文化、社会与生态协同发展的理念；在治理战略方面剔除部门本位和个人本位的理念，树立全局协同理念；在治理过程方面批判"先污染、后治理"的理念，树立"预防与治理并重"协同治理理念。

（一）变革全能政府的理念，树立政府、市场、社会协同治理的理念

全能政府的理念是认为政府能管理所有方面并由政府来实际管理社会生活的所有方面的一种理念，生态文明建设中的全能政府理念是主张生态文明建设的所有工作都应该由政府来负责并由政府来执行的一种思想理念。这种理念在现实中表现为当自己身边的生态环境被污染、出现了问题时，社会公众就开始找政府、骂政府，以至于相关政府也认为这些事应该由自己管理，特别是一些可能于己有利的生态文明建设事项。在全能政府理念的指导下，政府做了很多不应该做，做不好，可以交给市场或者社会去做的生态文明建设工作，导致社会公众对政府更加不满意。为此，我们应该变革全能政府的理念，树立政府、市场和社会协同治理的理念。生态文明建设中的协同治理理念就是要让政府、市场和社会都参与到生态文明建设中来，充分合作，发挥各自的能力和作用，以建设生态文明。吴敬琏指出，处理好政府与市场的关系要转变"全能主义"的旧体制，"在市场经济条件下，市场可以办的，应该由市场去办；社会组织可以办好的，交给社会组织去办。只有市场和

---

① 张维迎. 经济学家应保持独立精神 [J]. 新商务周刊，2014（2）：2.

社会组织做不了或做不好的，政府才应插手"①。吴敬琏的这种理念本质上就是主张树立政府市场社会的协同治理。只有树立协同治理的理念，才能充分发挥政府、市场和社会各自的作用，调动各自的积极性参与生态文明建设，避免全能政府在生态文明建设中的失误。

（二）摒弃 GDP 至上的理念，树立政治、经济、文化、社会与生态协同发展的理念

GDP 至上的理念是改革开放以来我国地方政府中较为普遍存在的一种理念，它将地方GDP 的增加作为地方政府的核心工作和关键目标。在生态文明建设中，GDP 至上的理念体现为生态文明建设要为经济建设、为 GDP 提升让路，生态文明建设要服务于 GDP 的提升，为了 GDP 的提升可以牺牲生态文明建设。GDP 至上的理念导致地方政府过分重视经济建设而忽视了文化建设、社会建设和生态文明建设工作，导致社会发展畸形，生态环境恶化。为避免这一点，就应该摒弃 GDP 至上的理念，树立政治、经济、文化、社会、生态文明建设协调发展的理念，即在经济发展的过程中，要充分考虑政治、文化、社会、生态文明的建设问题，以此推动我国社会的协调、均衡发展。

（三）剔除部门本位和个人本位的理念，树立全局协同理念

部门本位就是个人的行为以部门利益为中心，个人本位是个人的工作行为以个人职责为界限，以个人利益为中心。部门本位和个人本位的理念在生态文明建设中的体现是为了个人利益、团体利益可以忽略甚至损害生态文明建设的整体规划、整体进程，本质上是为了个人利益、团体利益而损害公共利益。剔除生态文明建设中的部门本位理念，就要在全社会，特别是在生态文明建设各环节的主体、参与到生态文明建设中来的各方面主体中对部门本位、个人本位的理念进行批判，揭露其利己主义本质，明确其危害，让所有参与到生态文明建设政策过程中的人都认识到"利小己、损社会"的部门本位、个人本位不利于社会主义现代化建设；同时，要树立生态文明建设的全局协同理念，就应该科学阐述协同的内涵和树立全局观的意义，加强对社会各界特别是生态文明建设相关主体的全局协同观教育，让社会各界都认识、理解全局协同的重大意义，并在此基础上内化为生态文明建设工作中的自觉行为，将自身的工作和生态文明建设有机结合起来。

---

① 姚冬琴，王红茹，李勇，等. 政府 VS 市场 从"全能政府"到"有限政府" [J]. 中国经济周刊，2013（44）：25-32+24+88.

（四）批判"先污染、后治理"的理念，树立"预防与治理并重"协同治理的理念

"先污染、后治理"的理念是我国20世纪八九十年代社会上较为流行的一种理念，这种理念指导下的实践对我国生态文明建设造成了极大的负面影响，同时也被诸多国家的实践证明是错误的。批判"先污染、后治理"的理念必须与树立"预防与治理并重"的协同治理理念同步进行。"预防与治理并重"的理念是指在经济建设的过程中对可能会破坏生态文明建设的行为要采取预防措施，对已经破坏了的生态环境要积极治理，这种理念的本质是要将经济建设的过程与生态文明建设的过程有机结合起来。贯彻"预防与治理并重"理念的有效措施之一在于切实执行"三同时"制度，即建设项目中防治污染的措施，必须与主体工程同时设计、同时施工、同时投产使用的制度。此外，不论是批判"先污染、后治理"的理念，还是树立"预防与治理并重"的协同治理理念，都要不断加强宣传、强化理论解释的说服力，这是让正确的社会意识为广大群众所掌握的重要途径。

只有实现这四方面的观念变革，才能构建一个促进生态文明建设的价值理念协同体系，才能有效推进生态文明建设实践的进程。观念变革主要有渐进式和爆发式飞跃两种途径，生态文明建设过程中也只有利用这两种形式才能变革旧的观念，建立生态文明建设的价值理念协同体系。

二、议程设置协同

议程设置是将问题纳入解决程序的过程。议程设置非常关键，这是因为如果问题上不了议程，也就无从考虑采取行动。在生态文明建设过程中必须实现议程协同，否则不同的主体对于生态文明建设的某一事项就会产生不同的看法，因而产生冲突，影响社会稳定。生态文明建设的过程协同体系必须包括议程协同。

第一，从生态文明建设主体的角度而言，要建立相应诉求表达的机制，实现政府主体、市场主体与社会主体在议程设置方面的协同。一般而言，政策议程有正式议程和公众议程两种类型。正式议程是政府主体向政治系统表达诉求，决定哪些环境问题应该解决，哪些问题应该优先解决；公众议程是市场主体和社会主体决定哪些问题应该解决、哪些问题应该优先解决。正式议程是政府主体的诉求表达渠道，公众议程是市场主体和社会主体的诉求表达渠道。在改革开放以前，我国只有正式议程，公众议程根本就不能正常发挥作用；在改革开放以后，随着公民社会的成长，民主化程度的提高，公众议程才逐步开始发挥作用。生态文明建设中的市场主体和社会主体通过公众议程表达的环境诉求一般有三种结果，一是环境诉求被政府所感知，进而纳入正式议程；二是环境诉求没有能够纳入正式

议程，但是得到了生态文明建设型企业或环保 NGO 的回应，环境问题被生态文明建设型企业或环保 NGO 解决；三是环境诉求得不到任何回应。第一种情况需要实现政府主体与市场主体、社会主体的协同。第二种情况在前期需要市场主体与社会主体之间实现协同，而在后期则需要实现市场主体、社会主体与政府主体的协同，防止各自的生态文明建设项目之间的冲突或重复。第三种情况不需要协同，但是问题的累积会引起相关公众的不满，进而导致环境群体性事件，影响公众对政府的认可度，最终迫使政府主体打乱原有的议程，不得不认真考虑公众提出的环境诉求。因此，实现政府主体、市场主体与社会主体在议程设置方面的协同极其重要。

实现三者在政策议程方面的协同，一要通过各种形式让公众有机会参与到正式议程的设置中来，实行正式议程设置主体多元化。只有公众能够参与正式议程设置，公众的环境诉求才能在议程中得到更直接、更真实的体现。也只有如此，公众才能充分理解已进入正式议程的各政策问题的重要性，才能提高公众对正式议程的认可度。二要提高政府主体的回应性，使得进入公众议程的环境诉求能够更好地转入正式议程，降低公众政府部门的不满，减少环境群体性事件发生的可能性。事实上，很多环境群体性事件发生后，只要政治领导人表示已经注意到了公众关注的环境问题并且将采取有效措施加以解决——将要纳入正式议程，环境群体性事件就会迅速降温，其"群体性"就会弱化。

第二，从生态文明建设过程来看，议程设置协同要实现问题的认可、问题的采纳、问题的优先化和问题的维持等环节的协同。这就要求负责问题的认可、问题的采纳、问题的优先化和问题的维持等环节的各个部门提高工作效率，这是防止议程卡在某一环节无法运行下去，导致环境问题久拖不决，迟迟无法进入议程的情况，同时要求政府领导人作为政策议程的重要设定者，要提高对环境问题的关注度：在政策问题认可阶段，要充分认识到公众问题的重要性，积极建设一个公众满意的服务型政府；在政策问题的采纳阶段要积极回应公众所提出的且政府有责任解决的公共环境问题，而不能"遇着矛盾绕着走"；在政策问题优先化阶段，要将公众关注的环境政策问题优先放到议事日程；在政策问题的维持阶段，要将公众关注的环境政策问题优先解决。

第三，从生态文明建设与相关领域的关系来看，生态文明建设的议程设置要与政治建设、经济建设、文化建设、社会建设的议程设置协同起来，做到生态文明建设议程、政治建设议程、经济建设议程、文化建设议程、社会建设议程的平衡、融合，即在启动政治建设议程、经济建设议程、文化建设议程、社会建设议程的同时启动生态文明建设议程，原因在于生态文明建设已经渗透到政治建设、经济建设、文化建设、社会建设中。如制定一项新的政治制度就应该审查其是否与已有的生态文明建设制度冲突，启动一项新的经济建设项目之前应该不折不扣地做好该项目的环境影响评价，等等。

三、目标规划协同

目标规划是建立在价值理念的基础之上的，是价值理念在具体实践中的体现。参与生态文明建设的政府主体、市场主体和社会主体不仅要在价值理念方面和议程设置方面形成协同局面，在目标规划方面也应该形成协同治理的体系。

第一，从生态文明建设主体的角度而言，要建立政府主体目标、市场主体目标和社会主体目标的协同。政府主体的目标是服务于社会公众的需求以获得公众的支持，在生态文明建设方面体现为治理环境污染，打击破坏环境的行为，满足社会公众对于生态文明建设的需求；市场主体的目标是追求利润，在生态文明建设方面表现为通过治理环境污染，向社会公众提供环境方面的服务来追求利润，或者通过治理本企业的污染物，提高社会美誉度，规避政府的惩罚，以追求利润；社会主体的目的是获得利益，在生态文明建设方面表现为获得环境利益同时兼顾其他方面的利益。此外，在政府主体目标内部存在中央政府目标、地方各级政府目标、各部门目标、公务员个人目标的区别，这一区别表现在生态文明建设中就是生态文明建设中还夹杂着国家利益、地方利益、部门利益和个人利益。

由此可见，从生态文明建设主体角度实现目标规划的协同体系，关键在于整合不同主体之间的利益，具体而言要做好两方面的工作，一方面整合中央政府、地方政府、政府内各部门以及公务员的利益，以形成政府的整体目标规划，具体措施在于通过建立"选择性的激励机制"，促使各级政府、各部门及公务员只有通过努力建设生态文明，提供满足社会公众需求的环境产品和环境服务才能获得自己的利益；另一方面，整合政府主体、市场主体和社会主体在生态文明建设中的利益，主要是颁布并认真执行生态文明建设方面的法律法规，约束市场主体在生态文明建设过程中的"逐利"行为和社会主体的自利行为，使市场主体的"逐利"行为和社会主体的自利行为符合生态文明建设的要求。

第二，从生态文明建设的过程来看，要建立生态文明建设不同阶段的目标规划协同体系。不论是水污染的治理，还是生态环境的保护，都是一个长期的过程，不是一蹴而就的，任何希望通过"运动式"治理方式实现生态文明的规划，都会落空，泰晤士河的治理、莱茵河的治理都说明了这一点。而且，生态文明建设在不同的时期有不同时期的特点，例如，我国在改革开放以前生态文明建设的主要内容是规避自然灾害，改革开放以后就变成了环境污染治理。因此，生态文明建设在不同的时期应该有不同时期的具体目标，这些具体目标应该反映出不同时期的工作重点。

生态文明建设不同阶段的目标应该协同起来，具体而言，应坚持区别性和连续性相结合的原则：各阶段的目标规划要反映不同时期生态文明建设的中心和重点，体现出区别性的原则，同时各阶段的目标规划要体现出前后相继的连续性。

第三，从生态文明建设与相关领域的关系来看，生态文明建设的目标规划要与政治建设、经济建设、文化建设、社会建设的目标规划协同起来。不同建设领域的目标规划有不同领域目标规划的具体内容，但是，不同领域的目标规划要协同起来，防止不同领域的目标规划之间相互冲突，例如，生态文明建设领域确立的目标是保护环境，而经济建设领域确立的目标是实现 GDP 数量的增长，这样在有些地方二者往往是相互冲突的，一个目标的实现往往以牺牲另一个目标为代价。要使不同领域的目标规划协同起来，应该注意三点，一是确定具体领域的目标规划时要有全局观，要围绕社会主义现代化建设来制定本领域的目标规划，包括生态文明建设领域；二是制定具体领域的目标规划时要统筹考虑；三是不同部门在本部门的领域内制定目标规划时要建立相互通报制度，必要时可以建立公共协商制度，注意本领域目标规划所产生的外部影响。

四、方案决策协同

方案决策是将目标规划转化成可实施的具体方案的过程。人在做出相应的行为时都会事先确定一个具体的方案。政府主体在做出相应行为时会有方案，市场主体在做出行为时也有方案，社会主体在做出行为时也会在自己的大脑里形成一个方案。不同的主体做出自己的方案决策时在生态文明建设方面就可能出现不协同甚至相互冲突的情况。因而生态文明建设过程中也要建立方案决策协同体系，主要包括三方面：

第一，从生态文明建设的主体方面来看，主要是政府主体的决策方案、市场主体的决策方案和社会主体的决策方案要实现相互协同。不同主体的价值理念、目标规划不同，决策方案也不同，但存在着相互影响的问题。为了避免相互冲突，因而不同主体的决策方案要实现协同，具体要注意以下两点，一是政府的决策方案要实现民主化，必要时要举行听证会、民主协商会，听取来自市场主体、社会主体的建议和意见；二是市场主体和社会主体的决策方案要符合国家的法律法规，特别是市场主体的决策方案在可能产生的生态文明建设影响方面要自觉接受来自政府主体和社会主体的监督，同时应该主动公开相关的环境信息，为此，市场主体应该建立定期的或者即时的信息发布机制，政府主体和社会主体（NGO 组织）应该完善监督机制。

此外，在政府主体内部也存在着不同主体的决策方案，包括中央政府、各级地方政府、各部门、公务员个人的决策方案。不同主体的决策方案要协同起来，应该在中央政府、各级地方政府、各部门间建立生态文明建设决策通报制度、协商制度、信息共享制度，实现相互协同，公务员个人的决策方案，主要涉及个人的职业生涯规划——主要是职务的升迁和调动要和生态文明建设的事业协调起来，避免人亡政息，虎头蛇尾。

第二，从生态文明建设的过程方面来看，主要实现两方面的协同。一是在生态文明建设的各个阶段的具体决策方案要与整体方案的决策相协同，实现这方面的协同主要是要树立全局观和系统观，做到从全局上规划和系统谋划的结合；二是做好生态文明建设过程中的修正性决策与整个生态文明建设的目标规划的协同。在生态文明建设过程中由于各方面的原因必须进行修正性决策时，一定要科学、及时向相关利益的相关人充分说明，争取社会公众对生态文明建设的认可、支持。在此过程中一定要防止相关利益集团的不合理要求。

第三，从生态文明建设的相关领域来看，主要是政府的生态文明建设方案要与政治建设方案、经济建设方案、文化建设方案和社会建设方案协同起来，为此，政府要做好综合方案的制度，同时在做单项决策方案时，要充分考虑相关领域的影响。

五、执行过程协同

生态文明建设是一个复杂的社会过程。在现代社会中，生态文明建设不可能由一个人独立完成，必须由多个主体协同完成。生态文明建设也必须建立起执行过程的协同体系。生态文明建设的执行过程体系包括三方面：

第一，从生态文明建设的主体方面看，生态文明建设的执行过程是一个由执行者、执行对象和利益相关人组成的多主体协同过程。在生态文明建设过程中，执行者可能是政府中的某些公务员，也有可能是得到政府授权的第三方，或者是提供生态文明建设产品和服务的企业；执行对象可能是市场中的另一个企业，也可能是社会中的公民；利益相关人则可能是公民个体、环保 NGO 或者企业。从权力运行的角度来看，生态文明建设的执行权力由执行者行使，执行对象服从，利益相关人认可，具有一定的强制性。但在现代民主社会中，特别是在我国社会主义民主发展到一定程度以后，生态文明建设的执行权力行使只有在得到执行对象和利益相关人认可的情况下才能顺利行使。从这个角度而言，生态文明建设方案的执行过程是由执行者、执行对象和利益相关人协同完成的过程，而多主体协同的具体机制包括社会对话机制、民主恳谈机制、协商机制等。

第二，从生态文明建设过程的角度来看，生态文明建设是一个前后相继的过程，在不同的环节有不同的执行内容，而基于现代社会的分工，每个执行者都在一个特定的专业领域内才能做出有效的行为，因而，生态文明建设的不同阶段，需要不同的执行者，例如，一个城市污水处理厂的建设就涉及财政部门、城建部门、工程技术部门、国土资源部门、环境保护部门等的协同配合。这就使得生态文明建设执行过程中的协同成为需要，而实现执行过程协同的机制则在于执行者之间的相互调整和制度规范的调整。

第三，从生态文明建设相关领域的角度来看，生态文明建设的执行协同主要与经济建设等其他建设领域的执行行为协同起来，这方面的协同可以通过相关制度或者协商机制来实现，如"三同时"制度，就是将经济建设和生态文明建设协同起来的一种制度性规定。

六、绩效评估协同

绩效评估既是明确成绩以总结经验，获得认可的过程，也是展示失败以总结教训的过程。对于生态文明建设中的任何一项决策，制定者、执行者、执行对象、社会公众等利益相关人都会对之进行绩效评估。评估的结果如何，对以后的生态文明建设有着直接的影响。生态文明建设的绩效评估也涉及协同问题。构建生态文明建设的绩效评估协同体系须从三方面着手：

第一，从生态文明建设的主体来看，可以构建360°绩效评估体系，将与生态文明建设相关的主体都纳入生态文明建设的绩效评估系统中来，实现评估主体的协同。生态文明建设的360°绩效评估体系所纳入的主体主要包括政府主体、市场主体和社会主体，换个角度说就是生态文明建设方案的决策者、执行者、执行对象、利益相关人、独立的第三方、社会公众等。将不同的主体都纳入评估体系中来有利于从不同的角度对生态文明建设的情况做出真实的评估。

第二，从生态文明建设过程的角度来看，生态文明建设的绩效评估要将过程评估和结果评估结合起来。通过过程评估来了解生态文明建设过程中具体做了哪些行为，哪些是有效的生态文明建设行为，哪些是无效的生态文明建设行为；通过结果评估来了解生态文明建设的最终结果怎么样，哪些方面做得好，符合社会公众的需要和国家发展的需要，哪些方面做得不好，不符合社会公众的需要和国家发展的需要。这两方面的协同有利于对生态文明建设形成一个较为全面的评价。

在此要防止两种倾向，一是只有过程评估而没有结果评估，或者说是将过程评估当作结果评估，具体表现是将生态文明建设的具体投入和具体行为当成生态文明建设的绩效，如将生态文明建设中投入的资金量或者做了什么具体的生态文明建设行为（如植树）当成生态文明建设的效果，这样做的结果可能会出现，投入了大量资金，但生态文明建设的实际结果并没有改善，社会公众并不满意；二是只有结果评估而没有过程评估，或者说是将生态文明建设方面的结果评估当成生态文明建设的全部，具体表现是将生态环境方面出现的某种结果当成生态文明建设的绩效，如将某地的空气质量良好的天数增加当成生态文明建设的成果，这样做的结果可能是该地并没有做出生态文明建设的行为，只不过这个月刮风的天数较多，才使得这个月空气质量良好的天数增加，环境的好转与生态文明建设之间并没有直接的关系。

第三，从生态文明建设的相关领域来看，生态文明建设的绩效评估可以从不同建设领域的角度来给予评估，如从经济建设领域对生态文明建设可以进行成本收益评估，从政治建设领域对生态文明建设可以进行目标手段的合法性评估，从社会建设领域对生态文明建设可以进行社会发展均衡度评估等。从不同领域对生态文明建设所进行的评估是生态文明建设渗透性的体现。

生态文明建设的价值理念协同体系、议程设置协同体系、目标规划协同体系、方案决策协同体系、执行过程协同体系和绩效评估协同体系共同构成了生态文明建设的过程协同体系，这六个体系本身也要协同起来。

实现这六个体系的协同，要坚持"一以贯之"的原则：

第一，这六个体系的各自产出在生态文明建设的整个过程中都要贯彻下去，不能中途改变，具体表现为在价值理念协同系统中形成的甲理念，在之后的系统中就不能贯彻乙理念；在目标规划协同系统中确立了甲目标，在方案决策协同系统、执行过程协同体系和绩效评估系统中就不能变成乙目标；在方案决策协同系统中制订的甲方案，在执行过程协同体系和绩效评估协同体系中就不能变成乙方案；在执行过程协同体系中的甲方案，到了绩效评估协同体系中就不能变成乙方案。为了防止这一点，一方面处于生态文明建设过程中的相关主体要强化反思行为，保证自己在各个子系统的行为符合最初的理念、目标、规划、方案；另一方面，要加强外部监督，防止相关主体为了自己的个体利益、部门利益、区域利益而改变最初的生态文明建设理念、目标、规划、方案。

第二，这六个体系是前后相继的关系，不能中断，表现为价值理念协同体系、议程设置协同体系、目标规划协同体系、方案决策协同体系、执行过程协同体系、绩效评估协同体系要相互联系，依次运行，不能梗阻于某一体系，导致整个生态文明建设协同治理体系的崩溃。一般政策出现梗阻的原因主要在于，政治社会化机制乏力、成本—收益预期失衡、责任追究制度缺损，表现在生态文明建设中是生态文明建设的政策没有做好宣传解释工作，没有社会化，不能被体系中的其他主体所理解；生态文明建设政策的成本高过了收益，或者是个人成本高于个人收益导致相关主体不愿意执行相关政策；生态文明建设的责任追究制度不健全，威慑力度不大，相关主体的怠政、懒政行为，以及由此造成的消极后果并没有受到严格的追究，生态文明建设的相关政策经常出现梗阻、中断就在情理之中了。为了防止这一点，首先相关部门有必要做好政策的宣传解释工作，让生态文明建设的政策社会化，为整个生态文明建设协同治理体系的运行奠定基础；其次要强化激励机制，不能让生态文明建设的行为成本高于收益；最后要针对相关主体的怠政、懒政行为健全责任追究制度。

当然，这里所说的"不能中途改变""不能中断"，并不是绝对的。当生态文明建设的具体政策环境发生主要的变化后，或者原先制定的生态文明建设具体政策被证明是有重大缺陷的，是可以中途改变、可以中断的，但是，这种"改变""中断"应该建立在充分的论证基础上，并对相关的主体做出耐心、细致、充分的说明。

参考文献

[1] [美] 艾恺. 世界范围内的反现代化思潮 [M]. 贵州人民出版社, 1991.

[2] [美] 奥尔多·利奥波德著; 侯文蕙, 译. 沙乡年鉴 [M]. 长春: 吉林人民出版社, 1997

[3] [英] 阿诺德·约瑟夫·汤因比, [日] 池田大作, 著; 荀春生, 朱继征, 陈国梁, 译. 展望二十一世纪——汤因比与池田大作对话录 [M]. 北京: 国际文化出版公司, 1985.

[4] 本书编写组. 中共中央关于制定国民经济和社会发展第十四个五年规划和二〇三五年远景目标的建议 [M]. 北京: 人民出版社, 2020.

[5] 毕润成. 生态学 [M]. 北京: 科学出版社, 2012.

[6] 陈家刚. 协商民主: 概念、要素与价值 [J]. 中共天津市委党校学报, 2005 (03): 54-60.

[7] 陈金钊. 论法律信仰——法治社会的精神要素 [J]. 法制与社会发展, 1997 (03): 1-9.

[8] 陈进华. 治理体系现代化的国家逻辑 [J]. 中国社会科学, 2019 (05): 23-39+205.

[9] 陈娜燕, 赵伟力. 新时代科技伦理的生态学转向研究 [J]. 齐齐哈尔大学学报 (哲学社会科学版), 2019 (06): 6-8.

[10] 陈也奔. 罗尔斯顿的生态价值观——一种自然主义的价值理论 [J]. 学习与探索, 2010 (05): 22-24.

[11] 杜飞进. 论国家生态治理现代化 [J]. 哈尔滨工业大学学报 (社会科学版), 2016, 18 (03): 1-14.

[12] 高吉喜. 生态安全是国家安全的重要组成部分 [J]. 求是, 2015 (24): 2.

[13] 高连喜. 环境生态学导论 [M]. 北京: 高等教育出版社, 2009.

[14] 郭因, 黄志斌. 绿色文化与绿色美学通论 [M]. 合肥: 安徽人民出版社, 1995.

[15] 洪富艳. 生态文明与中国生态治理模式创新 [M]. 长春: 吉林出版集团有限责任公司, 2016.

[16] 胡余旺. 利益论 [J]. 湖南科技学院学报, 2009, 30 (03): 150-151.

[17] 黄爱宝. "生态型政府" 初探 [J]. 南京社会科学, 2006 (01): 55-60.

[18] 李洪远. 生态学基础 [M]. 北京：化学工业出版社，2006.

[19] 李劲松. 城市大气污染成因及其防治措施分析 [J]. 科技创新导报，2019，16 （29）：108.

[20] 李宁宁. 生态文化：生态文明建设的重要基础 [J]. 群众，2013 （12）：74-75.

[21] 李萍. 论公共精神的培养 [J]. 北京行政学院学报，2004 （02）：83-86.

[22] 李威. 生态文明的理论建设与实践探索 [M]. 哈尔滨：黑龙江教育出版社，2020.

[23] 卢风. 生态文明新论 [M]. 北京：中国科学技术出版社，2013.

[24] 马克思，恩格斯. 马克思恩格斯文集（第2卷） [M]. 北京：人民出版社，2009.

[25] 齐承水. 生态文化视阈下的生态文明建设 [J]. 中外企业家，2015 （32）：4-5.

[26] 沈佳文. 公共参与视角下的生态治理现代化转型 [J]. 宁夏社会科学，2015 （03）：47-52.

[27] 盛连喜. 环境生态学导论 [M]. 北京：高等教育出版社，2009.

[28] 孙伶俐. 浅谈生态文明中的中国传统文化渊源 [J]. 长沙铁道学院学报（社会科学版），2010，11 （04）：57-58.

[29] 孙特生. 生态治理现代化 [M]. 北京：中国社会科学出版社，2018.

[30] 唐玉青. 多元主体参与：生态治理体系和治理能力现代化的路径 [J]. 学习论坛，2017，33 （02）：51-55.

[31] 王如松，欧阳志云. 生态整合——人类可持续发展的科学方法 [J]. 科学通报，1996 （S1）：47-67.

[32] 王诗红. 生态文明通识教程 [M]. 青岛：中国海洋大学出版社，2014.

[33] 王伟光，李忠杰. 社会生活方式论 [M]. 南京：江苏人民出版社，1988.

[34] 魏杰. 何为法治社会——关于法治社会的几个问题 [J]. 理论视野，2007 （04）：18-21.

[35] 习近平. 高举中国特色社会主义伟大旗帜，为全面建设社会主义现代化国家而团结奋斗——在中国共产党第二十次全国代表大会上的报告 [M]. 北京：人民出版社，2022.

[36] 向俊杰. 我国生态文明建设的协同治理体系研究 [M]. 北京：中国社会科学出版社，2016.

[37] 徐新容. 面向生态文明的可持续生活方式培养与行动 [J]. 环境教育，2019 （12）：52-55.

[38] 闫静. 生态文明建设与人的生活方式变革研究 [D]. 武汉：武汉工程大学，2017.

[39] 严进进. 生态文化教育研究述评 [J]. 教育文化论坛，2017，9 （05）：100-106.

［40］姚冬琴，王红茹，李勇，等. 政府 VS 市场从"全能政府"到"有限政府"［J］. 中国经济周刊，2013（44）：25-32+24+88.

［41］余谋昌. 论生态安全的概念及其主要特点［J］. 清华大学学报（哲学社会科学版），2004（02）：29-35.

［42］余晓青，郑振宇. 生态治理现代化视野下社会组织的作用探析［J］. 福建农林大学学报（哲学社会科学版），2016，19（03）：81-86.

［43］俞可平. 权利政治与公益政治［M］. 北京：社会科学文献出版社，2000.

［44］袁继池. 生态文明简明教程［M］. 武汉：华中科技大学出版社，2015.

［45］张维迎. 经济学家应保持独立精神［J］. 新商务周刊，2014（2）：2.

［46］周鸿. 生态文化与生态文明［M］. 北京：北京出版社，2018.

［47］周治华. 生态价值理念与当代人生观的"生态化"［D］. 上海：上海师范大学，2004：13.